MÉMOIRE

SUR LA MANIÈRE

D'ÉTUDIER ET D'ENSEIGNER L'AGRICULTURE,

ET

SUR LES DIVERSES PROPOSITIONS QUI ONT ÉTÉ FAITES, POUR ÉTABLIR
EN FRANCE UNE GRANDE ECOLE D'ECONOMIE RURALE ;

Lu à la Société d'Agriculture du département de la Seine, en 1801 ;

Par N. FRANÇOIS DE NEUFCHATEAU,

L'UN DES MEMBRES FONDATEURS DE CETTE SOCIÉTÉ.

MES CHERS COLLÈGUES,

LA société a voulu consacrer l'ouverture du dix-neu-vième siècle par ses efforts et par ses vœux pour répandre et améliorer l'étude de l'agriculture. J'aurai bientôt l'honneur de vous lire un *Essai sur la nécessité et les moyens de faire entrer dans l'instruction publique l'enseignement de ce premier des arts* (1). C'est une autre partie de ce même

(1) Paris, chez madame Huzard, in-8°, 113 pag.

I.

travail que je viens déja vous soumettre. Je fais plus, j'ose même vous le recommander, au nom de l'intérêt que vous prenez à la science, et sans égard à la faiblesse de l'organe qui se permet de vous en occuper.

§ Ier. *Objet de ce mémoire : l'étude de l'agriculture.*

L'AGRICULTURE est devenue une science très profonde ; mais elle est vaste et compliquée. Comment faut-il s'y prendre pour acquérir cette science ? Quelle est la meilleure manière de l'étudier avec fruit? C'est sur quoi les savants eux-mêmes sont partagés d'opinion.

Les partisans de la routine la vantent exclusivement, blâment la théorie, la regardent comme une source d'erreurs et de chimères, et la croient surtout absolument insuffisante pour exercer un art, à leurs yeux, purement pratique, un métier d'habitude, dans lequel il faut être né.

D'autres dépriment à leur tour l'empirisme de la routine, et ne tarissent pas sur l'importance des principes et la nécessité des connaissances théoriques sans lesquelles l'agriculture leur paraît marcher en aveugle et agir au hasard.

Entre ces deux extrêmes, quelques esprits plus réfléchis, et qui ont creusé jusqu'au fond de cette question, pensent qu'il faut absolument joindre la théorie avec l'expérience, les éclairer l'une par l'autre, remonter aux principes par le secours des livres, comparer les pratiques des localités différentes à l'aide des voyages, et ne mettre la main à l'œuvre qu'après avoir appris à observer et à juger, non pas seulement ce qu'on fait, mais ce qu'on devrait faire.

Quelle carrière à parcourir, que celle qui embrasse, dans toutes ses divisions, la science agricole ? C'est le système universel de cette économie, qui enseigne et prescrit les moyens d'augmenter et d'améliorer tout ce que la terre produit pour les besoins de l'homme, comprenant à la fois, les aliments et les boissons, les vêtements et les parures, les logis et les meubles, les voitures et les vaisseaux, toutes les matières premières et toutes les machines qui servent à les employer dans les arts si nombreux, d'utilité ou d'agrément, même dans ceux qui nous procurent ce que Voltaire appelle *le superflu, chose si nécessaire!*

Linnée a défini complétement cette science en disant qu'elle n'est que la connaissance des trois règnes de la nature spécialement appliquée au grand objet de rendre la vie humaine plus commode et plus douce à passer (1). Il veut donc que les voyageurs, curieux de s'instruire, s'informent dans chaque pays du parti que l'on tire des productions des trois règnes et du mode des subsistances, particulier à ces pays, et qui change avec les climats (2). Sa thèse intitulée : *Instruction des voyageurs*, renferme ici en peu de lignes, une table parfaite de toutes les parties dont l'ensemble comprend toute l'économie rurale.

Quand on jette les yeux sur l'étendue immense des connaissances que suppose cette courte analyse, on est tenté de s'écrier, comme le fait Linnée lui-même à la fin de sa thèse sur *la nature de la mer* : « Hélas, combien de choses que nous ne savons pas (3)! » Et c'est peu de notre ignorance, si notre négligence n'aggravait pas encore notre position, et ne nous mettait point dans le cas de nous écrier avec plus de justice : « Hélas! combien de choses que nous perdons par notre faute (4)! » Ce qui fait dire à Columelle que, surtout en agriculture, l'imprudence et la négligence sont toujours plus nuisibles que la science n'est utile (5).

§ II. *Péril des circonstances où se trouve l'agriculture en France et dans l'Europe.*

Et aujourd'hui, plus que jamais, nous devons être pénétrés et frappés jusqu'au vif, de la grande importance de ces réflexions, si nous faisons attention à la crise particu-

(1) *Æconomia privata quæ non est nisi historia naturalis applicata ad vitam humanam commodiùs transeundam.* (*Instructio peregrinantium,* thèse soutenue à Upsal le 9 mai 1759.)
(2) *Æconomia lapidea, vegetabilis, animalis et diætetica.*
(3) *Heu ! quantùm nescimus.*
(4) *Heu ! quantùm perdimus !*
(5) *Etsi multum prodest scientia, plus tamen obest imprudentia, vel negligentia . etc.*

lière dont la culture européenne , et surtout celle de la France , se trouvent menacées , vu la concurrence nouvelle de tant d'autres pays , qui sortent de leur apathie et sont prêts à nous inonder de leurs productions plus précieuses que les nôtres , quoiqu'elles coûtent beaucoup moins à leurs cultivateurs. Voulons-nous rester tributaires des régions favorisées où nous allons chercher à si grands frais le sucre , le café , le thé , le coton , l'indigo , le riz et tant d'autres denrées que nous ne pouvons obtenir de notre territoire ? Il est temps d'y songer et de chercher dans notre sol et dans notre industrie , les moyens de nous replacer avec plus d'avantage dans la balance du commerce , dont nous avons déjà trop perdu l'équilibre.

En 1778 , un poëte s'est écrié avec un accent prophétique, qu'on avait pris d'abord pour un trait de folie :

Je vois, je vois de loin , l'Amérique étonnée ,
Sortir du fond des eaux , de villes couronnée ,
Les forêts du Mexique errantes sur les mers , etc.

Qui aurait cru que nous fussions si près de ces événements qui changent sous nos yeux les anciens rapports des peuples et la vieille face du monde ? Voilà sous quels auspices commence, pour la France , un siècle de gloire, il est vrai, mais qui peut devenir l'époque de sa ruine entière , si son agriculture ne prend pas un essor qui suive la rapidité de la marche du temps , et qui se mette en harmonie avec le progrès des lumières ; et ce que je dis de la France regarde également le reste de l'Europe.

On s'est trop long-temps endormi sur l'approche effrayante des révolutions qui devenaient inévitables. J'ai eu l'occasion d'en être plus touché qu'un autre , et je dus les prévoir, lorsque j'allai à Saint-Domingue , en 1783, et que je pus, pendant six ans , connaître par moi-même et vérifier sur les lieux la fécondité étonnante des terres de ce nouveau monde , avec lequel l'Europe ne peut entrer, à cet égard, en aucune comparaison.

Là , pourrait-on le croire , si on ne l'avait vu ? là , quel est le rapport commun de la mesure agraire des colonies françaises appelée le *carreau de terre* , qui équivaut à trois arpents de cent perches de 18 pieds (un hectare 257 mi-

liémes) ? Il faut savoir que ce rapport monte tous les ans
à six milliers pesant de sucre brut, évalués trente francs
le quintal. De ce produit, il faut déduire un tiers seulement pour les frais. Reste de produit net 1200 francs par
chaque hectare, ou bien 400 francs par moyen arpent de
Paris, sans même tenir compte de la valeur du combustible que fournissent les cannes sèches, et du rum ou
du taffia que l'on retire des mélasses.

Le café, l'indigo, le coton et le maïs même, donnent, à
très peu près, des produits aussi étonnants. J'ai vu le
maïs, cultivé par des nègres très peu soigneux, rendre
trois récoltes par an dans le même terrain, sans fumier et
sans peine. Ces trois récoltes de maïs représentaient au
moins cinq ou six fois celle de notre blé. Ces supputations,
au reste, n'ont rien d'exagéré, et plus elles me confon-
daient, plus je les répétais, toujours avec les mêmes résultats.

J'ai calculé souvent avec des colons éclairés, qu'une
seule île, comme Saint-Domingue, était plus que suffisante pour fournir par jour une demie-once de sucre et
autant de café à chacun des 180 millions d'hommes que
l'on comptait dans l'Europe, et pour leur procurer en
même temps toutes les autres productions de l'Amérique
et de l'Asie dans la plus grande abondance.

Comparons maintenant à ces produits miraculeux du
sol américain, les récoltes de notre sol, réputées les plus
riches! Où pouvons-nous trouver des terres qui rapportent en France 1200 francs net par hectare, ou 400 francs
par arpent de la plus petite mesure? Il n'en existe point
dans nos meilleures terres, même aux environs de Paris ;
nous voyons le moment où il y aura de la perte à cultiver
du blé. Nous devons en conclure que nous devons livrer
le revenu de cinq ou six de nos hectares, pour obtenir ou
balancer celui d'un seul hectare de ce sol privilégié qui
pourtant n'avait pas atteint à beaucoup près le maximum
de sa valeur, au moment où j'ai pu admirer sa richesse et
même indiquer les moyens de l'améliorer, et de la rendre
incalculable.

Avant de sortir de cette île, je lus, en effet, à la chambre de commerce du Cap-Français ; le 17 mars 1787, un

mémoire sur les moyens de rendre cette colonie encore plus prospère, mémoire qui a eu plusieurs éditions (1). Ce qu'on a dit de plus certain, et ce qui devait, suivant nous, fixer l'attention sur cette colonie, c'est que, dans moins d'un siècle, la France en avait retiré plus de deux millards. Même dans la détresse où semblait alors le réduire la disette du numéraire, le spectacle de ce pays nous semblait devoir élever l'imagination. Et nous nous écriions ensuite, avec l'accent d'un homme intimement persuadé : Eh ! quels sont les moyens d'aisance et de prospérité, si étendus qu'ils soient, dont on puisse douter ? De quelles entreprises devra se défier la colonie de Saint-Domingue, lorsqu'elle voudra profiter de la fertilité de ce vaste jardin ; de la douceur continuelle de sa température exempte des frimas du Nord ; de la riche variété de son sol et de ses abris ; de son heureuse analogie avec les latitudes les plus favorisées, qui lui permet de s'emparer des végétaux les plus utiles de tous les continents, et surtout de ces circonstances vraiment uniques dans le monde, où s'y trouve l'agriculture anoblie par le fait, dégagée des liens féodaux et gothiques qui la garottent en Europe ; exempte des droits de parcours et de vaine pâture, libre de la dîme et du cens, et des bans de récoltes, et de tant d'autres servitudes sous lesquelles la glèbe demeure écrasée en Europe ?

L'académie des sciences de Harlem avait proposé, en 1776, cette question : « Outre le café, le sucre, le cacao et le coton, y a-t-il quelques autres plantes, arbres ou végétaux, qui puissent être cultivés dans les colonies des Indes occidentales, et qui soient propres à servir d'aliments, ou à être d'un usage utile pour les manufactures du pays ? »

Mon mémoire sur Saint-Domingue renfermait la solution de cette question dans l'intérêt plus spécial de cette colonie.

Hélas ! tant de travaux devaient être inutiles. Je n'ai pu que gémir sur les affreux désastres arrivés à ce beau pays,

_____

(1) Discours sur la disette du numéraire à Saint-Domingue et sur les moyens d'y remédier, sur l'imprimé au Cap-Français, à Metz, 1788, in-8°, 178 pages, avec un tableau de la population et de la culture de Saint-Domingue en 1784.

aussitôt que j'en fus dehors. Je ne sais si jamais ils seront réparés; mais, au moment présent, il s'agit de la France même, et jamais la patrie n'a eu un besoin si pressant de songer à tirer sa propre agriculture de l'état de détresse et de paralysie où il est évident que nous devons la voir tomber. Ceci est sérieux; il y va de notre existence.

Nous ne pouvons sortir de là que par l'instruction; et comment y parviendrons-nous? Nous avons sur cette matière des livres estimables, anciens et modernes; mais les uns ni les autres ne nous paraissent suffisants pour arriver au but où nous voulons atteindre.

§ III. *Des Livres sur l'Agriculture et de l'insuffisance de ceux des anciens.*

Nous ne manquons pas de bons livres, anciens et modernes, pour nous guider dans cette étude; mais quand même ces livres seraient compris et médités aussi universellement qu'ils sont, par malheur, trop peu lus et trop peu répandus, ils ne suffiraient pas pour donner aux cultivateurs l'instruction élémentaire, effective et palpable, dont ils ont un si grand besoin.

Sans vouloir remonter jusqu'aux géoponiques grecs, les auteurs *de re rusticâ*, les plus recommandables parmi les écrivains latins, sont incontestablement Columelle et Palladius. Columelle, plus élégant, mérite d'être mis dans le rang des classiques. Palladius offre un modèle des annuaires géorgiques, ou des calendriers ruraux; mais ces deux excellents ouvrages n'existent guère que pour ceux qui peuvent les lire en latin; car nous n'en avons pas de bonne version française (1). Et quand même ils seraient traduits et enrichis des notes qui devraient les accompagner pour mieux les éclaircir, et pour les mettre à notre usage, il y a tant de différence entre leurs siècles et le nôtre, qu'il nous serait très difficile d'appliquer leurs préceptes à notre agriculture moderne.

(1) Au moment où s'imprime cette introduction (mars 1827), je suis chargé de présenter, à la Société royale d'Agriculture de Paris, une traduction soignée de l'ouvrage de Columelle, de la part de M. Deslandes, zélé correspondant de cette compagnie, à Bazouges, près la Flèche.

La culture des terres a pour premier objet de faire subsister les peuples qu'elle a civilisés. Le chapitre des subsistances est donc celui qu'il faut discuter avant tout;
mais quoique les Romains eussent déja ainsi que nous
pour leurs bases alimentaires le froment et la vigne ; quoiqu'ils ne fussent pas non plus seulement frugivores, leur
cuisine et la nôtre ne se ressemblent point.

Linnée, dans une de ses thèses (1), félicite les modernes des changements heureux qui se sont introduits
dans leur art culinaire, lorsqu'ils ont remplacé les glands
de l'âge d'or par les racines céréales, les mauves par les
épinards, la bette par la betterave, et la bourrache par
l'oseille, etc., etc. ; mais il a seulement effleuré ce sujet,
que l'on pourrait développer, non pour féliciter les riches
des réformes que l'opulence a pu faire subir aux recettes
d'Apicius, mais pour voir ce qu'y ont gagné les estomacs
des pauvres et surtout ceux des montagnards, auxquels j'ai
toujours pris le plus vif intérêt : car j'ai toujours devant
les yeux mes chers compatriotes, les habitants des
Vosges, si laborieux et si sobres.

Sous ce rapport nous sommes plus avancés que les Romains, malgré notre ignorance sur leur genre de vie
populaire et commun.

Nous connaîtrions mieux ces détails, qui seraient
curieux pour nous, si le temps avait respecté la suite des
petits poëmes, dans lesquels on croit que Virgile avait
décrit, dans sa jeunesse, les repas successifs des habitants
de la campagne dans le courant de la journée. Il n'en
reste aujourd'hui que le déjeuné du matin sous le titre de
Moretum. Ce *moretum* est un ragoût contenant un mélange d'ail, de persil, de rue, de coriandre et d'ognon ;
pilés et incorporés avec du fromage, de l'huile et du
vinaigre. Il n'est pas question du beurre qui alors n'était
point connu en Italie, et que Pline, long-temps après,
appelle une invention des barbares. Vossius prétend que
le *moretum* était une friandise des Grecs, et que Virgile
n'aurait fait que traduire ou imiter Parthenius. Quoiqu'il
en soit, son idylle est fort élégante ; mais je doute que

(1) *Culina mutata*, thèse soutenue à Upsal le 7 novembre 1757.

personne soit tenté d'en essayer la recette. Nos poëtes gaulois l'ont transportée avec succès dans leur langue naïve. Notre purisme dédaigneux ne s'accommoderait pas plus de la description, que notre goût ne serait flatté de la chose même. Cependant les apprêts en étaient assez longs, et il fallait que celui qui voulait en jouir à temps la préparât d'avance et se levât avant le jour.

D'ailleurs, les anciens avaient beaucoup de préparations, dont nous ne pouvons pas avoir une idée nette.

Les savants ne sont pas d'accord sur ce qu'il faut entendre par l'*alica*, le *far* et l'*intrita* chez les Romains, sans compter beaucoup d'autres mets que nous connaissons mieux, mais qui nous semblent fort étranges.

Chez les Grecs, l'alphyta était le pain du peuple et du soldat. Il était fait avec de l'*orge*, qui paraît avoir partout précédé le froment, à en juger surtout par les tableaux très anciens que notre armée d'Egypte a trouvés dans les grottes ou les caveaux d'Elithias. Pline assure, au surplus, que l'orge avait été le premier aliment des Grecs (1).

On sait que les Romains vécurent fort long-temps, non pas de pain, mais de bouillie. Cette bouillie, appelée *puls*, était un composé d'orge, de miel, d'œufs et de fromage. Les Carthaginois, grands mangeurs de cette fameuse bouillie, finirent par être vaincus. Ainsi Rome et Carthage se battirent pendant des siècles, pour avoir l'empire du monde, et pour manger de la *polinte*.

Savons-nous ce qu'était, et comment pouvait être préparée la *dodra*, sorte de nourriture que nous connaissons seulement par cette épigramme d'Ausone ?

> On m'appelle Dodra ; mes neuf onces mêlées,
> Vous offrent, en effet, neuf choses rassemblées ;
> Le bouillon avec l'eau, le miel avec le vin ;
> Le poivre, l'herbe, l'huile, et le sel, et le pain (2).

Voilà un singulier mélange ! Et quoique la recette en soit

(1) *Antiquissimum græcis in cibis hordeum est.* Liv. XVIII, c. 7.
(2) DODRA *vocor : Quæ causa ? novem species gero.*
Quæ sunt jus, aqua, mel, vinum, panis, piper, herba, oleum, sal.

écrite par Ausone dans la langue des dieux, nul de nos cuisiniers ne l'apprêterait pour des hommes.

Les autres nourritures solides ou liquides, ne sont guère mieux expliquées. Comment se préparait la *Posca*, boisson acidulée des légions romaines, et qui leur était si utile, qu'un soldat ne marchait jamais sans sa bouteille de *posca?*

L'*alica*, suivant Pitiscus, était une boisson à l'usage des pauvres, et qui devait tenir de la bière et du cidre, puisqu'il dit qu'elle se faisait avec du froment et des pommes. James (1) croit, au contraire, que cet *alica*, si célèbre, était une sorte de grain, peut-être même du maïs; ce qui est impossible, car le maïs était inconnu de l'antiquité.

Pitiscus dit aussi que l'*intritum* était une bouillie, ou un pudding, fait avec du pain émietté, du lait, de l'ail, du fromage, et autres *choses semblables*. Ces derniers mots ne sont pas clairs. Quelles sont *ces choses semblables*, indiquées seulement par un *et cœtera?*

Chompré, dans son vocabulaire, entend par *intrita* un mets pilé et composé d'œufs, de fromage, d'ail et d'huile; et encore un *et cœtera*.

Mais le *Novitius*, fort bon dictionnaire, assure plus précisément que l'*intrita panis*, appelé autrement *lora*, était un mets pilé, ou une sorte de hachis qui se gardait plus de deux ans. C'est ceci qu'il faut remarquer.

Les soldats romains, sous l'empire, n'étaient plus des gens à bouillie comme au temps de la république. Ils avaient le *buccellatum*, biscuit, pain plus léger et moins sujet à se gâter que le pain ordinaire. On le distribuait aux soldats pour vingt jours, et c'est ce que l'on appelait les vivres de campagne (*expeditionalem annonam*).

Mais qu'était un biscuit destiné à servir vingt jours, comparé à cet *intrita* qui se gardait deux ans? Nous serions obligés à Pline, s'il en eût donné la recette. Nos montagnards surtout en auraient profité; leurs ressources alimentaires ne vont pas aussi loin.

En général, en France, en Savoie et en Suisse, les

(1) Dictionnaire de Médecine, in-folio.

habitants des Alpes, avant que les neiges arrivent, font du pain pour six ou sept mois. C'est du pain de seigle, ou bien d'orge, qui est remis deux fois au four. Il devient dur comme la pierre. Ce sont des disques peu épais. Quand on veut le manger, on le trempe dans l'eau six à huit heures à l'avance, et puis on s'en régale avec du lait de chèvre. C'était-là l'ancien usage; mais l'introduction de la solanée parmentière, si mal nommée pomme de terre (*solanum tuberosum*), a tout-à-fait changé et amélioré la nourriture et la santé des habitants de nos montagnes. Sa racine est un pain tout préparé par la nature. Convertie en farine, et mêlée avec les farines des plantes céréales, elle produit un pain, en quelque sorte, inaltérable. Toutes ses préparations semblent participer au même privilège. J'en ai du pain, du vermicel, du riz et d'autres mets, que je garde depuis mon retour en Europe, en 1788, et qui sont encore mangeables.

Du pain fait moitié de farine et moitié de pommes de terre, remis ensuite au four, forme un biscuit durable, avec lequel on fait des soupes et des panades excellentes.

Voilà où nous en sommes, du moins quant à la France; c'est là qu'il faudrait amener les pauvres montagnards de tous les états de l'Europe, et surtout dans le Nord, où l'été est si court et les hivers si rigoureux. O combien, sous ce point de vue, ne devons-nous pas plaindre les habitants de plusieurs points de la Scandinavie, si j'en juge du moins par les tristes détails du pain qu'on y fabrique avec les écorces des arbres, et la paille du sarrasin, et d'autres substances peu propres à subir efficacement la fermentation panaire.

Il est vrai qu'on nous parle aussi d'un pain d'orge et d'avoine, qui se conserve quarante ans (*Géographie de Descombes*, en 1790); mais qui ne suffit pas, puisque le même auteur cite, du moins pour la Norwège, du pain de farine de pois et d'écorce d'arbre pilée. Je ne puis exprimer le mal que j'éprouve en lisant de pareilles relations. Est-il possible que des hommes soient réduits à l'extrémité d'employer, au lieu de farine, de la poudre de mousse ou d'écorces pilées? Ces substances peuvent avoir la forme extérieure de pain ou de galette ; mais ; dans le fond, est-ce du pain autrement que par l'apparence ? Loin de soutenir l'estomac, et d'y entretenir la vie, ces masses lourdes et inertes ne sont-elles pas plus capables d'en altérer les forces, et d'en troubler les fonctions? Le remède le plus prochain, le plus sûr, le plus simple, me semblait devoir être la ressource miraculeuse de la *solanée parmentière*, qui ne fut pas connue des peuples anciens. J'ai lu avec chagrin un voyageur moderne, qui prétend que l'on a voulu introduire dans la Norwège l'usage de ce tubercule ; mais que cette culture n'a pas pu réussir dans une latitude infiniment trop froide, comme on assure aussi que l'on n'a jamais pu la transporter aux Philippines, dans une latitude infiniment trop chaude. S'y est-on pris comme il fallait? C'est ce que l'on n'explique pas ; les îles Philippines ne manquent pas d'autres racines beaucoup plus savoureuses ; mais en Norwège on a dû revenir, comme auparavant, aux écorces et aux lichens. Ce résultat serait cruel, s'il était bien constant. Les premières expériences ont-elles ôté tout espoir d'en essayer de plus heureuses? Aujourd'hui que la France, mise à l'abri de la famine par la solanée parmentière, a mieux étudié et mieux connu ce tubercule, nous en avons conquis des variétés plus hâtives, entr'autres la *truffe d'août*, qui végète beaucoup plus vite. Ces espèces précoces ne pourraient-elles pas s'acclimater, même en Norwège, par le semis des graines et la culture des racines portées de proche en proche ? Ceci est important et tient au fond de mon sujet. Les nations européennes sont sœurs et solidaires dans l'intérêt commun de leur agriculture, et je ne puis les séparer, quand je les considère par rapport au danger que cette agriculture me paraît courir aujourd'hui et à l'état précaire où elle met leurs subsistances.

Si les arêtes de poisson, les débris de harengs, la racine du trèfle d'eau, la calla des marais, peuvent fournir de la farine moins sèche et moins ligneuse que les écorces de sapin ; si l'habitude qui fait tout, et qui a pu accoutumer les estomacs des Polonais aux gâteaux de graine de chanvre, a pu atténuer jusqu'à un certain point les inconvénients du stampebrod et du falbrod, ne vaudrait-il pas mieux tâcher de vaincre les obstacles qui peuvent s'opposer à ce que tous les Scandinaves puissent manger du pain, mais du vrai pain fait avec de bon blé, du seigle, ou au moins un mélange de ces farines céréales avec la merveilleuse et presque incorruptible solanée parmentière? C'est ici qu'il convient d'étendre le bienfait de cette réforme dans les procédés culinaires, dont une thèse de Linnée a félicité les modernes (1).

Je ne sais pas si je me trompe, et si le peu de connaissances que j'ai de ces climats du Nord emporte mon zèle trop loin. Je sens bien que pour avoir droit de donner des conseils à la sage Scandinavie, il faudrait que je l'eusse vue, comme j'ai visité les contrées du Midi; que j'eusse au moins inscrit mon nom sous les noms plus illustres de Regnard et de Maupertuis, dans les registres de l'église de Juska-Jervi, au nord de Tornéo; et qu'enfin j'eusse pu remplir dans chaque station des postes suédoises les indications que tous les voyageurs sont très sagement obligés de consigner sur le Dag-Bok. Hélas! je n'ai point eu, et parvenu à l'âge de plus de cinquante ans, je n'aurai point cet avantage. Je n'irai point tenter de déchiffrer l'inscription qu'offre la pierre de Wiedso, le plus antique monument qui soit peut-être dans le monde. Je ne verrai jamais Stockholm, la Venise du Nord, et bien plus singulière, et si j'ose le dire, plus unique en son genre dans les glaces de la Baltique, que ne l'est la Venise construite par les dieux dans les eaux de l'Adriatique. Je n'irai point m'extasier devant le monument élevé à notre Descartes, vengé par la Suède de l'ingrat oubli de la France. Je ne me prosternerai point devant la chaire où professa l'illustre Von-Linnée, cet oracle de la nature, qui eut la bonté de m'écrire et d'encourager ma faiblesse, lorsque j'osai, à dix-huit ans, lui envoyer le prospectus de mon ouvrage intitulé : *La Botanique mise à la portée de tout le monde.* A cet âge, c'était sans doute de ma part un excès de témérité; mais la réponse

(1) *Culina mutata*, thèse déja citée, page 8.

favorable du Pline suédois ne me rendit que plus sensible
à l'excès de son indulgence.

Qu'on ne s'étonne point de mon enthousiasme pour
le pays de ce grand homme ! A son nom se réveillent une
foule d'idées et de pensées fécondes. Tous ses écrits ten-
dirent à quelque but avantageux ; mais un des plus utiles
fut le discours qu'il prononça comme professeur à Upsal,
sur la nécessité de voyager dans sa patrie (1). Il eut soin
de prouver ses préceptes par ses exemples. J'ai toujours
regretté que ses voyages en Norwège, en 1734, n'aient
pas été publiés, et que ceux qu'il a faits en Zélande, en
Gothlande, en Scanie, écrits en suédois, n'aient pas
rencontré quelque Kéralio, ou quelque dame de Morveau,
qui les aient traduits en français. Son objet principal
était de tourner la science au profit de l'économie. Nous
aurions profité de beaucoup de remarques qui se trouvent perdues pour nous.

Mais dans son pays même, a-t-on mis en pratique le
conseil qu'il donnait d'établir des jardins dans les Alpes
(Doffrines), afin de reconnaître et de déterminer avec
précision les plantes de ces Alpes, que l'art de cultiver
et celui de guérir pourraient transporter en Suède, en
Norwège et en Laponie (2)? C'était une excellente idée ;
mais l'oubli qu'on en aurait fait, n'aurait rien d'étonnant. Ce n'est pas seulement aux bords de la Baltique
qu'on est long-temps indifférent aux avertissements que
donne la science.

Il vient un temps où l'on regrette de ne les avoir pas
suivis. Celui où nous vivons nous presse de nous occuper
enfin plus sérieusement de notre agriculture, pour en
augmenter les produits, et en faire un meilleur emploi.
Ferons-nous donc moins en Europe pour la réduction
sous un moindre volume des substances alimentaires, de
manière à faciliter leur garde et leur transport, que

(1) *De peregrinationum in patriâ necessitate.* Premier discours pro-
noncé à Upsal, par Linnée, le 17 octobre 1741. C'est un de ses
meilleurs discours.

(2) *De plantis quæ Alpium suecicarum indigenæ, magno rei economicæ
et medicæ emolumento, fieri possint.* Actes de l'Académie des Sciences
de Stockholm, vol. xv, 1754.

l'Inde et que la Chine n'ont fait depuis long-temps, en préparant le riz en faveur des marins, préparation à laquelle on a donné le nom d'*awols*? Les mêmes Chinois savent apprêter le cachou, en boules grosses comme le poing, et qu'ils appellent *thé de pierre*. Chez les Malais, on a l'art de saler les œufs sans casser leur coquille, et de les faire cuire de manière qu'on peut les manger, quand on veut, dans les voyages de long cours. Les chimistes français s'occupent beaucoup aujourd'hui de conserver des mets qui sont tout apprêtés ; mais ce n'est pas de bonne chère que je me permettrai de vous entretenir. Je songe à procurer modestement du pain aux pauvres alpicoles. Je voudrais que le blé et la solanée parmentière s'avançassent sur les montagnes jusqu'où on peut les faire aller. Le blé a déja pris possession du Kamschatska. Il y a près d'un siècle qu'on regardait comme impossible qu'il pût venir en Laponie. Olaüs prévit cependant qu'on pourrait en faire l'essai. On en douta d'abord. Enfin, pourtant le blé y a crû et y a mûri. Que je serais heureux d'être aussi bon prophète que le fut Olaüs!

Cet article des subsistances m'a peut-être mené trop loin ; mais il n'est pas le seul qui rende peu utiles, pour les peuples modernes, les écrits, même les meilleurs des anciens géoponistes. Les différences sont trop grandes entre nos mœurs et nos coutumes, et celles qui régnaient du temps des Grecs et des Romains. Ils ne faisaient exécuter leurs travaux que par des esclaves ; et c'est le sûr moyen d'avoir de mauvaise besogne. Ensuite, ils avaient très long-temps séparé les deux branches de l'art de la culture ; le pâturage n'était pas chez eux indissolublement uni avec le labourage. Le bétail convertit les herbes en de riches engrais, qui sont perdus pour la charrue, lorsque la houlette est nomade. C'est un des grands défauts du système des anciens. Dans leurs séduisantes églogues, ils se passionnaient pour l'indolence pastorale, et ils ont eu le tort de présenter comme un supplice, et même un châtiment des dieux, les soins et les travaux de la véritable culture. Parmi tant de temples que Rome avait multipliés en l'honneur des divinités qu'on ne pouvait nom-

brer, il y avait bien un autel pour la déesse du Repos(1) ;
il n'y en avait point pour le dieu du Travail. On peut
s'étonner que Virgile l'ait flétri, au contraire, lorsqu'il
l'a relégué au vestibule des enfers, avec la Faim,
la Maladie, et la hideuse Pauvreté ; association non
seulement injuste, mais plus encore injurieuse, et qui au-
toriserait trop le penchant vicieux de l'homme en faveur
de la nonchalance, tandis que sa santé, son bonheur, ses
richesses, ne peuvent jamais être que le salaire légitime de
son activité et le bienfait de son travail. L'Italie a mieux
rencontré, quand elle a honoré du nom de terre du La-
beur (*terra di Lavoro*), cette riche province que la fertilité et l'abondance de son sol avaient fait jadis appeler
l'heureuse Campanie (*Campania felix*). Il est très important de rectifier sur ce point les préjugés vulgaires, et de
se bien persuader que si l'agriculture rend effectivement
ceux qui l'exercent fortunés, ce n'est qu'à la condition
qu'ils soient de tous les hommes les plus laborieux. Le
culte de Cérès ne peut être celui de la fainéantise La lèpre
sociale et la gangrène politique, c'est l'oisiveté mendiante
et le vagabondage qui ramènent les hommes à l'état sauvage et barbare

Laissons donc là les anciens, et passons aux écrits modernes.

§ IV. *Des meilleurs ouvrages modernes, relatifs à l'agriculture.*

A la renaissance des lettres, et même bien auparavant, les Italiens s'empressèrent de publier des livres sur
l'agriculture, parmi lesquels on a distingué ceux de Cres-
cenzio, d'Agostino Gallo, de Tarello, et d'autres. Quelques uns de ces livres, venus d'abord de l'Italie, sont aujourd'hui très rares. Je saisis cette occasion de donner une
idée de l'un de ceux qui sont les moins connus. Je veux
parler de la *Villa*, composée en latin dans le seizième
siècle par le naturaliste Jean-Baptiste Porta, qui écrivait
auprès de Naples. Cet ouvrage est en douze livres. J'en ai

(1) *Ad fanum Quietis*, Tite-Live, liv, IV.

un exemplaire de l'édition de Francfort, en 1592; que Freytag et Engel qualifient expressément de *Liber perrarus*, livre extrêmement rare. Permettez-moi de vous offrir l'analyse sommaire que, suivant mon usage, j'ai écrite à la tête de ce précieux exemplaire.

« Le seul titre de cet ouvrage prouve combien l'abbé Galiani a eu raison de dire, dans ses remarques sur Horace, que la plupart des mots latins seraient mal rendus en français par les termes de notre langue qui viennent de ces mots latins et qui s'en rapprochent le plus. *Villa* ne doit signifier pour nous que *maison de campagne*. *Ville*, dérivé de *villa*, est précisément le contraire ; et dans nos siècles féodaux, ceux qu'on appellait les *villains*, n'étaient sûrement pas les bourgeois habitants des *villes*

» La maison de campagne, ici décrite par *Porta*, contient des choses curieuses, pour le temps où il écrivait ; mais il semble avoir oublié, comme tant d'autres anciens, la partie principale de la maison rustique. Il ne parle pas du bétail, ni de la basse-cour, etc. ; il traite presque uniquement des arbres et des plantes. Son grand auteur est Théophraste, dont il fait un très bel éloge ; mais il combat avec justice l'assertion de Théophraste qui soutient que tout arbre semé dégénère, page 181. C'est assurément le contraire qu'il convient d'établir.

»La *fraise* citée par Virgile et aussi par Ovide, n'a pas été connue ni nommée par les Grecs, page 748.

»Les *melons* n'étaient pas connus des Grecs ni des premiers Romains. Leur époque ne date que du siècle de Galien et de Pline, page 758. Tout ce chapitre est singulier.

» Porta ne parle point des *carottes*, la meilleure des plantes qui soit sortie des potagers pour être ensuite cultivée en plein champ.

» La greffe *annulaire* était récemment inventée lorsque Porta écrivait. *Voyez* ce qu'il en dit, liv. IV, chapitre 21, page 211.

» Il parle ensuite d'une greffe qu'il n'avait connue que dans sa vieillesse et au moyen de laquelle il avait vu des concombres naître sur des melons, page 222. Et il passe de là à un chapitre exprès sur la question de savoir si la greffe peut avoir lieu dans les plantes herbacées, livre IV, chapitre 29, page 222. Il conclut pour l'affirmative. Ce passage était-il, ou non, connu de ceux qui donnent aujourd'hui cette greffe herbacée comme une nouveauté ?

» Ses livres de *la Vigne* et de l'*Olivier* sont faits avec soin, et c'est à cet égard que l'on peut se fier à la tradition des auteurs anciens ; mais ce qui est plus digne d'être remarqué dans Porta, c'est qu'il parle très pertinemment de la culture du maïs (*de tritico indico*, livre XI, chapitre 25, page 849), et de la canne à sucre (livre XI, chapitre 57, page 902). Il caractérise ces plantes de manière à prouver qu'il les connaissait bien. Il ne veut pas que l'on confonde le maïs avec le millet, le sorgho, etc. (1).

(1) L'illustre Parmentier, étonné de cette remarque qui avait pu lui échapper, me remercia franchement de la lui avoir fait connaître.

2

» Ce qu'il dit, en plusieurs passages, sur l'*irrigation*, mériterait d'être cité. *Voyez* le préambule du chapitre 32, livre IV, page 232 ; l'arrosement des oliviers, d'après Palladius, page 466 ; et celui des jardins, qui ont toujours soif (*semper sitientibus hortis*, COLUMELLE, livre X, chap. 4, page 644), etc., etc. Voilà un faible échantillon des remarques utiles à l'histoire de la science que l'on doit recueillir dans les divers ouvrages publiés sur l'agriculture, depuis la fin du moyen âge. Le progrès des lumières a influé sur cet objet ; nous avons maintenant des livres bien mieux faits et plus instructifs ; mais il ne faut pas mépriser ceux qui ont ouvert la carrière. La bibliographie agricole, faite avec ce détail, serait bien précieuse pour l'étude qui nous occupe.

On ne pourrait s'imaginer combien de choses singulières et de pratiques peu connues se trouvent renfermées dans ces auteurs italiens. Par exemple, *les Secrets de la vraie agriculture*, par Augustin Gallo, prescrivent un assolement, où le blé, le millet, la vesce et les pois doivent se succéder continuellement dans le même terrain, grâce à la faveur du climat où Gallo écrivait. On me saura peut-être gré d'extraire ce passage, d'après la vieille version qu'en publia Belleforêt (en 1571).

Quand le champ a porté du *blé*, on doit en enlever soudain et gerbes et esteulz, et l'ensemencer en *millet* avant la fin de juin, car c'est la saison la plus propre. On bêche ce millet deux fois pour lui faciliter la voie. L'auteur cite ce vieux proverbe :

Qui veut bien emplir son vaisseau,
Son millet sarcle étant nouveau.

Après la Saint-Martin, la terre sera de rechef bien remuée avec le soc et diligemment labourée. On la laissera cuire sous l'effort des grandes gelées ; sur la fin de janvier, on la rompt à la herse une seconde fois, on l'amende et la fume, et au commencement de mars, sur un nouveau labour, on sème de la *vesce* et de l'*avoine* ensemble. Moins profitable que la vesce, l'avoine la soutient, et la fait croître davantage. Passé le 15 mai, le grain étant parfait, on le coupe, on le sèche. Il profite beaucoup aux chevaux et aux bœufs, pour les engraisser, sans leur donner foin ni avoine. La vesce rend plus d'herbe qu'aucun trèfle quelconque, et ne gâte jamais la terre.

Dès que la *vesce* est enlevée, et le terroir bien net, on sème dans le même champ du *millet* ou des *pois*, aux environs du 8 de juin. En y semant des pois, la terre en est plus apte et plus fertile pour le blé. Le mil amaigrit le terroir, les pois l'améliorent ; et c'est une sottise de cultiver pois et millet, sans avoir semé de la vesce, qui se recueille auparavant, et fait en un an deux cueillies, sans qu'on soit empêché d'y mettre ensuite du froment.

Dans ces derniers temps, la science a été mieux trai-
tée. On a considéré que cette étude se divise naturellement
en deux branches. Son exposition peut être générale ou
particulière.

Elle peut être générale.

Dans les quatre parties du monde, l'agriculture a un
objet qui peut sembler commun ; la base alimentaire porte
sur le blé en Europe, sur le riz en Asie, sur le grand millet en Afrique, sur le maïs en Amérique. La famille
des graminées fournit également ces quatre plantes do-
minantes. Il semblerait d'abord que l'on pourrait leur appliquer les lois d'une physique et d'une théorie, pour
ainsi dire, universelles. On a publié à Leipzig, en 1783,
un *Essai d'un livre instructif sur l'économie rurale du
monde connu* (1) ; conception hardie, jusqu'à présent
unique et digne de l'homme célèbre (2) à qui on l'attribue ; mais cette tentative n'étant qu'un premier jet sur une
matière trop vaste, est restée nécessairement fort au-dessous
du but que l'auteur s'était proposé ; c'est un volume in-8°
qui n'est pas sans mérite. Nous croyons qu'il devrait tenter les agronomes éclairés qui seraient en état de le rendre
dans notre langue, en y ajoutant toutefois ce que le progrès des sciences et les annales des voyages ne cessent
d'amener de notions nouvelles sur le grand objet de ce
livre depuis sa publication. La société de la Seine distin-
guerait certainement une traduction qui pourrait devenir
aussi intéressante, et qui nous manque à tous égards.

Les auteurs craignant de se perdre dans cet océan général, dont on n'a pas encore de cartes assez sûres, se
sont très sagement renfermés dans l'exposé de la science,
restreinte à tel ou tel pays. La France est riche à cet égard ;
peut-être même a-t-elle une surabondance d'écrits, ou
répétés, ou bien contradictoires, sur son agriculture. J'en
possède, en effet, une bibliothèque entière, et dont le
catalogue seul remplirait un épais volume. Je les ai cependant tous lus et annotés. Leurs redites fatiguent ; mais
il n'y en a point où l'on ne trouve quelque chose dont

(1) *Versus eines Lerhbruches der Landwirthschaft der ganzen begannen
Welt.* Leipzig, 1783, in-8°.
(2) Arthur Young.

on peut profiter. Dans le grand nombre, il en est deux
qui sortent de la classe ordinaire, et qu'il est doux pour
moi d'avoir à signaler :

1° Le premier date de bien loin. Le *Théâtre d'agriculture*
ou *Ménage des champs* est ce bon livre composé par
Olivier de Serres, et dédié à Henri IV, en l'an 1600. Comment donc ce chef-d'œuvre, accueilli dans sa nouveauté,
et si souvent réimprimé jusqu'en 1675, a-t-il pu tomber
parmi nous dans l'abandon et dans l'oubli ? Cet abandon
est une tache que l'on est fâché de trouver au siècle de
Louis XIV ; car c'est à cette époque qu'on a sacrifié le
Théâtre d'agriculture à des éditions de la *Maison rustique*,
vraiment indignes de leur titre, et qui se répétant sans
cesse, se grossissent toujours d'additions plus hasardées,
et souvent plus ineptes les unes que les autres. Enfin
nous allons revenir à l'illustre Olivier de Serres. Le 25
prairial an 7 (1), étant au ministère, j'ai pris un arrêté,
conçu dans les termes qui suivent :

« Le Théâtre d'agriculture est considéré par les étrangers comme un ouvrage classique, à plus forte raison doit-
il être reproduit chez les Français. Le ministre demande
que la société d'agriculture du département de la Seine
nomme une commission dans son sein pour donner enfin
cette édition si désirée. Un des prédécesseurs du ministre (2) avait demandé ce travail aux membres de la commission d'agriculture (3) ; ces citoyens qui sont tous membres de la société, se réuniront avec elle pour faire de
l'édition du Théâtre d'agriculture, un monument digne
du siècle qui doit le voir renaître. »

Ce vœu sera bientôt rempli, car la société travaille
avec empressement aux notes nécessaires pour rajeunir le
texte du Théâtre d'agriculture, et remettre Olivier de
Serres dans tout le lustre qu'il mérite. Je suis flatté moi-
même de concourir à ce travail, et d'exécuter aujourd'hui
de concert avec mes collègues, ce que j'ai ordonné d'abord
de la part du gouvernement. Trop heureux, en effet, si

(1) 30 mai 1799.
(2) Bénezech.
(3) Broussonnet, Dubois, Lefebvre et Parmentier. *Voyez* le
premier volume in-4° de cette édition, publiée en 1804, pag. lxviij.

nous pouvons, après deux siècles, parvenir à ressusciter
le souvenir et la doctrine de ce bon seigneur du Pradel,
à qui l'on offrit de son temps ce juste tribut de louange :

> Vénérable vieillard , ami de la nature,
> Honneur du Languedoc et de l'agriculture ,
> De Serres, tu construis, sous les lois d'un bon roi ,
> Un théâtre immortel pour la France et pour toi :
> La science agricole , en France dédaignée ,
> A l'aveugle routine était abandonnée ;
> Tout se réunissait , hélas ! pour l'avilir ,
> Mais tu viens l'éclairer , et tu vas l'ennoblir (1), etc..

2° Le *Cours d'agriculture*, en forme de dictionnaire,
par feu l'abbé Rozier, est le meilleur livre moderne sur
cette importante matière, et il y a long-temps que je lui
ai rendu justice. En 1787 , le septième volume me parvint
quand j'étais encore à Saint-Domingue. Voici le jugement
que j'en portai alors :

« Ce livre est excellent, et il serait à souhaiter qu'il fût
universellement répandu ; mais il y a en France quarante
mille paroisses, dans chacune desquelles un exemplaire de
ce livre serait très nécessaire ; et cependant à peine a-t-il
trois mille souscripteurs. On n'en connaît à Saint-Domingue qu'une douzaine d'exemplaires. Chaque habitation (il y en a six mille) devrait en avoir un.

» Ce Cours d'agriculture, bien lu et bien compris, pourrait changer en bien la face du royaume et de la colonie(2).»

Je redis aujourd'hui avec conviction intime , *ce livre est
excellent ;* mais je dois ajouter qu'il a un grand défaut ;
c'est de n'être pas méthodique, comme l'est très heureusement le *Théâtre d'agriculture.* Ce n'est pas tout à-fait
la faute de Rozier ; c'est celle de notre public qui veut
qu'on éparpille tous les genres d'instructions par les lettres
de l'alphabet, et qui prend pour de l'ordre le cahos des
dictionnaires. La littérature moderne est en proie à cette
manie , qui disperse et qui déchiquette en articles incohé-
rents tous nos livres possibles , même ceux que l'on donne

---

(1) *Voyez* le reste de l'épître à Olivier de Serres , traduite d'un
contemporain , *ibidem* , pag. xlviij et suivantes.

(2) Mémoire sur Saint-Domingue , déja cité , pag. 571

pour des livres élémentaires. Or, rien n'est plus contraire
à la manière d'inculquer les principes des connaissances,
que d'en rompre la suite, d'en briser le tissu, d'inter-
vertir à chaque page l'ordre, l'enchaînement, la progres-
sion des idées et de sauter sans cesse d'une matière à
l'autre. C'est l'inconvénient de tous les dictionnaires, qui
ne peuvent jamais donner que des notions vagues et super-
ficielles, je n'en excepte aucun. Je voudrais que chaque
lexique fût précédé d'une préface, que j'intitulerais : *De
l'emploi des dictionnaires, ou du plan qu'il faut suivre
pour les lire avec plus de fruit, en remédiant au désordre
de leur nomenclature, en groupant les traits instructifs qui
y sont jetés au hasard, et en faisant sortir du rappro-
chement de ces traits les tableaux méthodiques qui seuls
peuvent conduire de l'explication des mots à la connaissance des choses.*

J'ai appliqué ce plan, pour mon usage spécial, à la
lecture répétée de ce Cours de l'abbé Rozier ; j'ai ramené
tous ses articles à la série exacte des chapitres traités par
Olivier de Serres ; et je conseillerais à ceux qui voudraient
recueillir tout le suc de ces écrivains, de faire pour leur
compte cette espèce de table qui éclaircit et qui renforce
leurs deux chefs-d'œuvre l'un par l'autre.

Mais peu de gens auraient, je crois, assez de patience
pour se livrer à cette tâche un peu minutieuse ; et même
après l'avoir remplie, on ne pourrait pas se flatter d'être
instruit en agriculture, si l'on n'allait s'instruire encore
mieux sur le terrain et par les résultats pratiques de tout
ce qu'on n'aurait connu que par la théorie. C'est par cette
raison que Rozier établit lui-même que pour étudier et
enseigner l'agriculture, il faut des écoles réelles, et non
uniquement des livres.

Il a eu le premier l'idée de proposer en grand l'établissement à Chambord d'une école nationale destinée à ce
noble objet. Il est intéressant d'en donner le détail. La
pensée en était si belle, elle aurait été si utile, que l'on
doit la juger indépendamment du succès. Sa conception
seule est un monument qui subsiste en l'honneur de l'abbé
Rozier, et recommande sa mémoire comme celle d'un
homme qui s'est efforcé d'être le bienfaiteur de son pays.

§. V. *Grande école d'agriculture, proposée par l'abbé Rozier, en 1775 et en 1789, et qui devait être placée à Chambord.*

J'ai connu ce projet par ma correspondance avec son très célèbre, hélas! et malheureux auteur. Sur la fin de 1791, j'avais été nommé par le département des Vosges à l'assemblée législative. Je reçus de l'abbé Rozier, la lettre que je vous représente en minute écrite de sa main, et que je vous demande la permission de vous lire.

Lyon, rue Masson, n° 48, 24 novembre 1791.

MONSIEUR,

» Vous aimez l'agriculture, j'en juge par des lettres dont vous m'avez honoré; c'est aussi en faveur de l'agriculture que je réclame aujourd'hui vos bons offices en qualité de représentant de la nation et au sein de l'assemblée législative.

» J'ai été surpris en lisant le beau plan de M. de Talleyrand (1) de voir des idées si mesquines, si étroites, sur l'établissement d'une chaire double en professeur sur cette partie (de l'agriculture); de voir que le jardin royal fera une grande partie du terrain qu'on lui destine et auquel on ajoutera, près de Paris, une autre portion de terrain pour suivre quelques expériences. Je me suis demandé pourquoi les autres parties des sciences sont-elles si bien présentées, tandis que celle-ci n'est envisagée que par un de ses plus petits côtés, et même par celui qui est simplement luxueux et du fait des gens riches? C'est que M. de Talleyrand et ceux qu'il a consultés sur cet article, sont *des cultivateurs de Paris*, hommes admirables dans le cabinet, et qui, de la plume, conduisent la charrue, taillent la vigne, et se persuadent que tout le royaume ressemble à Paris. J'aime à croire que vous aurez fait les mêmes observations que moi, parceque vos yeux sont accoutumés à voir et votre esprit à juger par comparaison.

Je vous prie, au nom de la chère agriculture, de demander au comité d'agriculture un plan que j'adressai à l'assemblée constituante, dans la première année de son existence et qui est resté enfoui dans ses archives; je ne vous dis rien de plus: lisez et jugez; si vous croyez mes idées saines, faites juger. Il est intitulé *plan d'une école nationale d'agriculture dans le parc de Chambord.* Les district et département, séant à Blois, furent consultés dans le temps. Leurs réponses, toutes approbatives, doivent être déposées dans les mêmes archives. Le comité d'agriculture de l'assemblée constituante me marqua que cette

_____

(1) Sur l'Instruction publique.

assemblée ne s'occuperait pas des établissements de détails, qu'ils regardaient les assemblées suivantes. Vous vous trouvez donc un point désigné. Si j'ai raison, c'est à vous d'agir pour la commune patrie ; si j'ai mal vu, laissez mon plan de côté et vous ferez justice. L'agriculteur restera ignorant si l'assemblée législative se laisse défourvoyer par des sollicitations de trois ou quatre agriculteurs de cabinet, séant à Paris.

Au surplus, monsieur, lorsqu'à mon âge, lorsque fort au-dessus de tous les besoins et dans la plus délicieuse habitation, je sollicite mon déplacement, vous devez être bien convaincu que je ne vois, que je ne désire, que je ne soupire même qu'après l'avancement de l'agriculture dans toutes les parties du royaume que mon plan embrasse. L'intérêt n'a aucune part dans ma demande. J'ai de tout temps été citoyen, je le suis et le serai jusqu'au dernier instant de ma vie. Mon unique désir est d'être utile à ma patrie et de lui consacrer le résultat des études et des travaux que j'ai faits depuis plus de trente ans ; le tout sans désirer aucune récompense pécuniaire.

Agréez, je vous prie, l'hommage de la considération la plus distingué avec laquelle je suis, Monsieur, votre très humble et très obéissant serviteur, L'abbé ROZIER.

Sur cette lettre, vous pouvez juger de l'ardeur que je mis sur-le-champ à faire rechercher dans les cartons et les papiers du comité d'agriculture, les pièces dont l'abbé Rozier me donnait l'indication ; mes recherches pressantes furent infructueuses. Les pièces avaient disparu. Je m'en informai par écrit près du chevalier Lamerville, digne ami de l'agriculture, qui avait fait un bon rapport sur le code rural à l'assemblée constituante. Il était alors revenu, dans le Berri, à ses moutons, dont il était aussi un fort zélé panégyriste. Il ne put me donner aucun renseignement sur le plan de l'abbé Rozier, dont il n'avait qu'une idée vague. Par un hasard fort singulier, je n'ai su que long-temps après que l'original de ce plan, détourné, par je ne sais qui, avait été pour lors envoyé en Espagne, où on l'avait traduit, et d'où il nous est revenu, mais retraduit de l'espagnol. Mais quand je l'aurais recouvré en 1791, ou 1792, la crise politique et les tempêtes qui grondaient avec tant de fureur en ces moments terribles, ne m'eussent pas laissé un seul moment propice pour remettre ce plan sous les yeux des législateurs de ce temps orageux, suivi bien peu après de temps plus orageux encore.

Lorsque cet horizon si sombre a commencé à s'éclaircir, j'ai pu connaître enfin le projet de l'abbé Rozier, et vu son importance et sa relation intime avec l'objet de ce mémoire, je m'empresse de consigner ici dans vos archives la substance même d'un acte qui appartient de droit aux fastes de l'agriculture.

EXTRAIT DU MÉMOIRE DE L'ABBÉ ROZIER.

Établissement d'une École nationale d'Agriculture dans le parc de Chambord (Départem. de Loir et Cher).

« Le vœu de l'assemblée nationale est de perfectionner l'agriculture en France, parcequ'elle est la base première du commerce et celle de la prospérité publique. Il est inutile d'insister aujourd'hui sur cette vérité universellement reconnue, car il faudrait n'avoir aucune notion de ce qui existe pour dire comme autrefois que le paysan sait ce qu'il doit savoir.

» Un petit nombre de bons livres en ce genre ont fourni les premiers matériaux de la réforme si désirée dans cette partie ; mais il faut les mettre en œuvre par la pratique ; ils produiront cette réforme lentement et très lentement, parceque l'instruction qu'ils renferment n'agit pas directement sur le simple cultivateur ; cette classe d'hommes n'achète pas de livres, ne les lit pas ou les lit mal ; elle demande plus que toute autre qu'on s'occupe d'elle, puisqu'elle est la main qui exécute: or si on parvient à la faire agir d'après des principes certains, et lui démontrer l'abus de ses routines aveugles, si on lui enseigne une pratique fondée sur une saine théorie, si cette théorie n'est que le développement des lois de la nature, si l'une sert de preuve à l'autre, il est donc démontré que cette classe, aujourd'hui si ignorante, perfectionnera son ouvrage, et de proche en proche toute l'agriculture du royaume se régénérera. J'ai la certitude de cette possibilité, quoique dans ce moment je conclue du petit au grand ; le succès de l'école des jardiniers et tailleurs d'arbres que j'ai établie à Lyon, prouve ce que j'avance.

» Il existe une seconde classe d'hommes bien précieux en qui les habitants des campagnes ont avec raison la plus grande confiance, c'est celle de MM. les curés. C'est donc sur eux que l'assemblée nationale jettera les yeux et dirigera les lumières, et bientôt ils deviendront le flambeau de leurs paroisses.

» J'étais pénétré de ces maximes, lorsqu'en 1775 je présentai le plan de l'école de Chambord à M. le contrôleur-général Turgot, dont la mémoire sera toujours chère aux bons Français. Il en saisit l'ensemble, l'adopta dans tous ses points. L'établissement allait être formé, lorsque des intrigues l'étouffèrent à son berceau. M. Turgot lui-même ne put garder sa place.

» Comme je n'ai plus les mêmes obstacles, les mêmes cabales à redouter, j'ai l'honneur de le présenter avec confiance à l'assemblée nationale, c'est à elle à prononcer sur sa valeur et à décider s'il mérite qu'elle s'en occupe.

» Depuis 1775, j'ai considéré ce plan sous toutes ses faces et sous tous ses rapports, depuis les plus grandes parties de détails jusqu'aux plus petites de la régie et de l'instruction ; mais il suffit aujourd'hui d'en présenter l'esquisse, l'article des détails formerait un volume ; les personnes instruites les supposeront sans peine : venons au fait.

CHAPITRE Ier. — DU PARC DE CHAMBORD.

I. *Choix du local fixé par la raison.*

» 1° La position du parc de Chambord, au centre de la France, et tenant le milieu entre ses différents climats, le rend susceptible d'admettre toutes les cultures connues dans le royaume. Celle de l'olivier doit être exceptée, puisqu'elle tient uniquement aux abris dont jouissent la basse Provence et le bas Languedoc.

» 2° Ce parc occupe une étendue au moins de trois lieues de circonférence, à peine un quart est-il cultivé, et très mal. Le sol est formé par un dépôt du Cher et de la Loire ; il ne paraît pas bon au premier coup d'œil, mais il serait presque partout au-dessus du médiocre et très bon en certains endroits, s'il était mieux exploité.

» 3° Si ce parc n'est pas plus productif, c'est qu'il appartient au domaine royal. Les gouverneurs de Chambord ont sans cesse retiré le produit des petites fermes, et n'ont jamais rien dépensé en réparations ou en améliorations. Enfin, loin de rendre quelque chose à l'état, l'entretien de Chambord lui est onéreux.

» 4° Comme Louis XVI ne vit que pour le bonheur de ses sujets, il paraît certain que si l'assemblée nationale lui représente et lui démontre le grand bien qui résultera d'une école d'agriculture, sa majesté fera volontiers le sacrifice de cette partie du domaine.

II. *Choix du local fixé par l'économie.*

» 1° Le château est vaste et il demande très peu de réparations quant aux murs (1).

» 2° Près du château, le maréchal de Saxe avait fait construire des casernes pour ses houllands ; la maçonnerie en est bonne (2). Il y a donc tous les bâtiments nécessaires même au-delà. Ainsi nulle dépense à cet égard, sinon pour les portes et fenêtres qui ont été enlevées, ainsi que pour les agencements nécessaires.

(1) Cela pouvait être en 1775 : cela ne l'était déjà plus en 1789.
(2) Il faut observer que Rozier parle ici de l'époque de juin 1775 , et que depuis il n'avait pas vu Chambord ; il ignorait donc pleinement les dégradations qui y étaient survenues et qui s'accroissaient d'année en année , surtout dans la partie de l'aménagement des bois.

» 3° Les parties du terrain cultivé étaient affermées en 1775 de 16 à 17,000 fr. à cause de l'augmentation du prix des fermes, je le porte aujourd'hui à 20,000 fr. ; si je me trompe en plus ou en moins, ce ne doit pas être de beaucoup, si les choses sont restées sur l'ancien pied, ce qui est fort à croire ; à cette époque les habitations des fermiers, éparses çà et là, ressemblaient plutôt à des baraques, qu'à des métairies... Comme en travaillant pour le bien public, je ne veux pas nuire au gouverneur actuel de Chambord, c'est à l'assemblée nationale à le faire dédommager de la perte des émoluments attachés à sa place.

» 4° Sans demander un seul écu au trésor public, le sol de Chambord fournira de quoi subvenir à toutes les dépenses de réparations, fournitures, etc., ainsi qu'il sera dit ci-après.

CHAP. II. — DES NOUVEAUX HABITANTS DE CHAMBORD.

» Ce ne sera qu'à la longue qu'on détruira les petites fermes actuellement existantes. On verra ci-après la nécessité de conserver au moins celles qui sont les plus éloignées du château.

» Il y aura trois classes de nouveaux habitants ; les deux premières passagères, mais à nombre fixe annuellement, et la troisième formera la base de la colonie de Chambord ; ces trois classes seront composées par les élèves envoyés de leur province, par les ecclésiastiques, également envoyés par leur province, enfin par des enfants trouvés choisis dans les hôpitaux de Blois, et d'Orléans.

Des Élèves des généralités (1).

» 1° La France est divisée en trente-deux généralités ; chacune enverra par an et à ses frais un élève, fils de laboureur, âgé de dix-huit à vingt ans, sachant au moins lire.

» 2° Il restera trois années consécutives à l'école, dans laquelle il sera logé, nourri, éclairé, blanchi et chauffé gratuitement.

» 3° Cette classe sera donc composée de trente-deux élèves pendant la première année, de soixante-quatre la seconde, de quatre-vingt-seize à la troisième, ce qui formera le fond permanent.

» 4° Leur entretien sera aux frais de leur généralité ; 50 fr. suffiront ; l'école les entretiendra à ce prix.

» 5° A la fin de la troisième année, ceux de la première retourneront chez eux. Ils seront remplacés par des nouveaux, et ainsi de suite pour ceux de la deuxième et de la troisième année. Les anciens serviront à former les nouveaux venus.

» 6° Chaque généralité enverra ses élèves, pris dans les endroits les plus opposés de son ressort, afin que de retour chez eux ils portent leurs lumières dans une grande étendue.

(1) Cette division était encore adoptée.

» 7° Si l'assemblée nationale ne diffère pas à décréter cet établissement, il est possible que l'école soit ouverte en janvier 1791.

I. *Aperçu sur leur manière de travailler et d'être instruits.*

» 1° Les trente-deux premiers élèves défricheront pendant l'année
1791 aux environs du château et des casernes de quoi pourvoir à leur
subsistance et à celles des élèves qui doivent les suivre en 1792.

» Il est clair que ces défrichements ne seraient pas suffisants
pendant la première et la deuxième année, mais le prix des petites
fermes actuelles vient à leur secours, il serait excédent s'il ne fallait
nourrir que les élèves; malgré cela on voit que la subsistance vient en
raison du travail, le travail en raison du nombre des élèves, et le tout
est progressif.

» 2° Les élèves seront occupés à étudier l'agriculture par théorie et
par pratique.

» 3° L'école fournira aux élèves les outils, les charrues, les instruments dont ils se servent dans leurs provinces, et chacun cultivera à la
manière de son canton : une étendue de terrain sera fixée, afin que la
première année il y ait trente-deux pièces de comparaison et quatre-
vingt-seize à la troisième si l'instruction l'exige ; enfin les élèves seront
les juges de la préférence qu'une méthode méritera sur l'autre. La
même comparaison aura lieu pour la culture des vignes, la taille des
arbres, le jardin potager, etc. Il ne peut pas exister une méthode plus
instructive.

» 4° Quant aux leçons de théorie, elles seront données par les ecclésiastiques, ainsi qu'il sera dit dans le chapitre suivant.

» 5° Les élèves passeront successivement chaque semaine, brigade
par brigade, aux travaux des champs, des prés, des vignes, du jardin
potager, des pépinières, des écuries, de la forge et du charronage.
Il résulte de cet arrangement qu'après la troisième année, un élève
qui aura eu des dispositions sera réellement et foncièrement instruit
des principes de l'agriculture en général, de la taille des arbres fruitiers, de la conduite des vignes, des pépinières, et de toutes les méthodes du labourage, parcequ'il aura manuellement beaucoup travaillé
et été guidé sur son travail; enfin il le raisonnera, et n'agira plus par
routine. Son exemple deviendra la leçon la plus instructive pour son
canton.

» 6° L'administration de l'école fera présent à chaque élève, lors
de sa sortie, d'un bélier et de deux brebis à laine fine, afin de renouveler peu à peu l'espèce dans tout le royaume.

II. *Des Ecclésiastiques.*

» 1° Les ecclésiastiques seront de jeunes prêtres, envoyés par les
généralités; ils seront tenus à Chambord comme dans un séminaire

et ils y exerceront les fonctions de leur ministère, comme catéchisme, confession, prédication, etc.

» 2° Je me charge de leur instruction directe, et à leur tour ils feront les leçons aux élèves divisés par brigade, suivant leur capacité.

» 3° Ces prêtres seront mes aides-de-camp, et chacun chargé spécialement et séparément de présider et de veiller à toutes les opérations des champs. C'est ainsi qu'en instruisant les autres, ils seront forcés de s'instruire eux-mêmes soit de la théorie soit de la pratique, et ils seront ensuite du plus grand secours dans leurs paroisses.

» 4° Je leur enseignerais la botanique dans un jardin planté à cet effet, ainsi que la chimie relative à l'agriculture. Ces deux sciences seront plus nécessaires qu'on ne pense pour le cultivateur. La botanique ne consiste pas à étudier la nomenclature des plantes, mais à connaître leurs propriétés, surtout les principes de la végétation; quant à la chimie, unie à la physique, elle est la clef de la science agricole et tout ce qui concerne la conservation de ses produits.

» 5° Comme ces prêtres consommeront sans travail manuel, l'école ne peut donc pas en admettre autant que d'élèves, elle en recevra dix à la première année, dix à la seconde, et autant à la troisième. Enfin un plus grand nombre, si les provinces veulent payer une pension de 250 fr. par chaque excédent.

» 6° Ils seront logés, nourris, blanchis, chauffés et éclairés gratuitement. Leur entretien est à leurs frais.

Enfants trouvés (1).

» 1° Il est constant que lorsque tout le parc de Chambord sera mis en valeur, il produira beaucoup au-delà de ce qui est nécessaire à l'entretien de l'école; il faut donc chercher à le peupler d'habitants agriculteurs et manufacturiers. A cet effet, l'école prendra tous les trois ans, dans les hôpitaux, dix enfants trouvés mâles, et dix enfants trouvés femelles, les uns et les autres âgés de huit ans, et ils resteront dans l'intérieur de l'école jusqu'à l'âge de vingt ans.

» 2° A dater de l'époque de 1791 jusqu'à la fin de 1803, la somme totale des enfants trouvés sera de cent, et renouvelée par la même forme d'entrée et de sortie.

» 3° Les enfants trouvés seront entièrement à la charge de l'école jusqu'à leur mariage. Leur petit trousseau d'entrée sera réglé avec l'administration des hôpitaux qui les fournira.

» 4° En mariant tous les trois ans les enfants trouvés, il leur sera fait une concession de vingt arpents de terrain cultivé; fermés par une haie fruitière; l'habitation dans le milieu composée de deux chambres par le bas, une écurie par derrière, et deux chambres en dessus. La récolte sera pendante lorsqu'ils en prendront possession, et leur appartiendra; les mariages seront célébrés le 1er juin.

(1) L'abbé Rozier observe ici en note qu'il convient à l'avenir de changer cette dénomination et de se servir du mot *orphelin*, afin d'éviter les préjugés et les injures.

5° A cette époque l'école leur fournira et donnera une vache, un coq, dix poules, six brebis de race choisie (1), un lit complet, six chemises à chacun, les petits meubles du ménage et 3o francs en argent.

» 6° Pendant chacune des trois premières années après les mariages, ils rendront par tiers et en jeunes bêtes celles qu'ils auront reçues. Ces tiers serviront à faire la dot des mariages subséquents.

» 7° Pendant chacune des trois premières années, ils rendront à l'école 10 fr. en argent et les 3o fr. serviront ainsi qu'on vient de le dire.

Des travaux des Enfants trouvés, mâles.

» 1° Depuis huit ans jusqu'à quinze, les garçons seront occupés à filer la laine et le chanvre, et aux travaux de la campagne proportionnés à leur âge.

» 2° A quinze ans, ils seront admis une partie du jour et occupés à la grande culture et aux leçons de théorie ; pendant l'autre partie, ils travailleront à la fabrique de la toile et des draps dont seront faits leurs vêtements.

» 3° Pendant les cinq dernières années, ils seront spécialement occupés à défricher la partie du terrain qu'ils occuperont étant mariés et à bâtir leur maison en pisai, construction très économique, très saine, très solide, et la seule employée dans toutes les maisons de campagne des environs de Lyon où elle est pratiquée depuis le temps des Romains.

» 4° Toutes les possessions des enfants trouvés seront assignées et séparées en tout sens par un chemin revêtu de fossés et sur les bords desquels seront plantés des mûriers qui leur appartiendront chacun en droit-soi. Ces chemins serviront aux pâturages de leurs troupeaux et seront le seul pâturage qui leur sera accordé.

Des Enfants trouvés, femelles.

» Les filles seront occupées à tricoter des bas, à coudre du linge, aux travaux de la laiterie, de la cuisine, à fabriquer des toiles, des draps et dans la saison elles seront chargées de l'éducation des vers à soie, et du tirage de la soie. En un mot lorsqu'on les mariera elles seront en état de gagner leur vie, mais sans le secours des champs qui leur seront cédés ; ces orphelins deviendront des petits propriétaires cultivateurs à leur aise et fabricants. En cas de mort de nouveaux mariés, le réglement y pourvoira.

---

(1) On ne leur donne point de bélier, parceque l'école en aura un nombre suffisant à laine fine. C'est par les béliers que se perfectionne la laine, et il est indispensable de changer celle du pays.

CHAPITRE III. — DES ACCESSOIRES NÉCESSAIRES A L'ETABLISSEMENT.

Ceci comporte un grand devis des dépenses préparatoires qu'on ne juge pas nécessaire de copier ici ; l'évaluation de ces frais se rapporte à un temps dont les prix ne peuvent plus être les mêmes.

CHAPITRE IV. — DES MOYENS DE POURVOIR AUX AVANCES ET A LA SUBSISTANCE ANNUELLE DE TOUS LES INDIVIDUS.

Ici l'abbé Rozier , disant qu'il se charge de tout, ajoute :

» L'état major est toujours la partie la plus coûteuse de l'administration, ou du moins elle absorbe la moitié franche des revenus. Ici, il n'y en a point : il ajoute qu'il ne demande rien pour lui. Le bonheur d'être utile à sa patrie est la seule récompense qu'il ait désirée, depuis qu'il existe.

» Enfin, si l'assemblée nationale désire des renseignements sur la manière dont il administre la pépinière royale de Lyon, elle peut consulter l'intendant de cette province.

Lorsque j'ai pu lire ce plan , j'ai été vivement frappé des nombreux avantages qui auraient pu en résulter. Je n'ai donc pas été surpris qu'il eût obtenu, dans le temps, l'assentiment et le suffrage de ce grand ministre Turgot. Combien aussi le souvenir de ce plan magnifique doit-il nous faire déplorer cette fatalité cruelle qui emporta l'abbé Rozier, écrasé dans son lit par une des bombes lancées pendant le siége de Lyon ! O malheur effroyable ! et disons mieux, ô crime impie des discordes civiles ! ô comment pourra-t-on jamais expier vos fureurs !

Cependant, à l'époque où allaient éclater nos troubles, M. Arthur Young était venu examiner l'agriculture de la France : et quoiqu'il l'ait jugée un peu trop en courant, la publication de son voyage agronomique nous a rendu service. Ses préjugés, ses erreurs mêmes n'ôtent rien au mérite de ses réflexions, en général judicieuses ; et c'est lui, je l'avoue, qui a reporté mes idées vers le projet formé par l'illustre Rozier, pour tirer un meilleur parti des inutiles parc et château de Chambord. Je dois donc reproduire ici les observations du voyageur anglais sur ce même local.

§ VI.

EXTRAITS DES PASSAGES

DU VOYAGE D'ARTHUR YOUNG EN FRANCE,

Relatifs à la Sologne, en général, et au château et parc de Chambord, en particulier.

Tome Ier, pag. 5o.

» Le 3ɪ mai (1787). En quittant cette cité (Orléans), on entre dans la misérable province de Sologne, que les écrivains français appellent la *triste* Sologne... Après avoir passé la Loire jusqu'à la Ferté Lowendal, on trouve un pays plat, maigre et graveleux, avec beaucoup de bruyères. Les pauvres fermiers qui cultivent ici la terre sont des métayers, c'est à dire des gens qui louent sans avoir la faculté de faire valoir : le propriétaire est obligé de fournir les semences et les bestiaux, et il partage le produit avec son fermier ; misérable système, qui perpétue la misère et empêche de s'instruire.

...Jusqu'à Nouan-le-Fuselier, un étrange mélange d'eau et de sable, beaucoup d'enclos, les maisons et les chaumières de bois, entrelacées d'argile et de briques, et couvertes de tuiles, avec quelques granges bordées comme celles du Sufolk ; une excellente route de sable ; apparence en général d'un pays entremêlé de bois ; tout combiné pour lui donner une grande ressemblance à plusieurs cantons de l'Angleterre ; mais l'agriculture est si peu semblable, que lorsqu'on y fait la moindre attention, toute idée de ressemblance s'évanouit... Le même misérable pays jusqu'à la Loge ; les champs offrent des scènes pitoyables, d'une mauvaise administration, et les maisons des tableaux de misère. Cependant, tout ce pays peut bien s'améliorer, s'il en connaissait les moyens. C'est peut-être la propriété de quelques uns de ces êtres brillants, qui figuraient l'autre jour à la procession de Versailles. Grand Dieu ! accorde-moi de la patience, quand je vois un pays aussi négligé, et pardonne les juremens que je fais sur l'absence et l'ignorance des propriétaires !

Page 176.

» Le ɪɪ septembre, en sortant de Blois. Nous quittons la Loire et passons à Chambord. La quantité de vignes qui bordent le chemin est considérable ; elles fleurissent à merveille sur un sable plat et délié. Que mon ami Leblanc serait content, si son sable de Caverɪham lui rapportait cent bouteilles de bon vin par arpent tous les ans ! Nous voyons à la fois deux mille arpents de vignes. Nous examinons le château royal de Chambord, bâti par ce prince magnifique, François 1er, et habité par le feu maréchal de Saxe. — La situation du château est mauvaise, elle est basse et sans la moindre perspective qui soit intéressante ; tout le pays est, à la vérité, si plat qu'à peine peut-on y trouver une colline. — Il y a de grandes parties de ce parc en friche, ou en bruyères, ou au moins dans un état médiocre de culture. Je ne pus m'empêcher de penser que, s'il venait un jour dans l'idée du roi de France d'établir une ferme complète de navets à la mode d'Angleterre, cet endroit serait fort propre à cet objet. Qu'il donne le château au directeur et à tous ses agents. Les casernes, qui ne servent maintenant de rien, fourniront des étables aux troupeaux, et le bénéfice du bois sera suffisant pour former et maintenir l'établissement. Quelle différence entre l'utilité d'un pareil établissement, et l'inutilité d'une grande dépense faite ici pour soutenir un misérable haras, qui ne tend qu'au mal ! J'aurai beau néanmoins recommander de pareils établissements d'agriculture, ils n'ont jamais été entrepris dans aucun pays et ils ne le seront jamais, jusqu'à ce que les hommes soient gouvernés par des principes tout-à-fait contraires à ceux qui prévalent aujourd'hui, jusqu'à ce qu'on croie qu'il faut pour l'agriculture nationale autre chose que des académies et des mémoires.

Tome II , page 298.

» En allant d'Orléans à la Ferté Lovendalh, on entre dans cette malheureuse Sologne. La pauvreté et la misère y règnent partout. L'agriculture est au dernier degré de décadence, et cependant elle est partout susceptible d'amélioration et de devenir florissante. Entre ces villes, il y a un espace de quatre lieues de gravier sablonneux. Le premier mille, en sortant d'Orléans, est amélioré ; mais tout le reste est dans un triste état : plusieurs terres négligées sont couvertes de bruyères. Elle ne produit que du seigle, dont les récoltes sont si mauvaises que c'est une satire sur le royaume d'y avoir semé. — De misérable seigle et du blé sarrasin sont les seules récoltes de ce pays : les fermiers pensent que le premier promet beaucoup cette année, et je suis certain qu'il ne rapportera pas deux quartes par acre. A Nouan le Fusellier, même terrain et même culture. A la Loge, la même chose, et il n'y a pas la dixième partie de cultivée. — Quant à la Sologne, en général, je remarquerai qu'un homme du pays a calculé qu'elle contient deux cent cinquante lieues carrées, ou un million d'arpents, et que la rente nette, sans bestiaux, fournis par le propriétaire, n'est que de 20 à 25 sous par arpent, l'un dans l'autre. — Je puis le croire, par l'examen que j'en ai fait, et il est impossible qu'il y ait une satire plus piquante sur l'agriculture d'un pays. — Le gouvernement et la noblesse sont également blâmables ; j'ai rarement vu un pays plus susceptible d'amélioration.

Page 373.

Dans la province de Sologne, le cours ordinaire des moissons est, 1° jachères ; 2° seigle. C'est la plus misérable de toutes les provinces

3

de France, comme je l'ai déja plusieurs fois remarqué. Le sol est tout de sable ou de gravier sablonneux. — A en juger par la grosseur des bois, il a assez de principe de fertilité pour produire toutes sortes de moissons bien adaptées à la nature de sa surface. Dans tous les trous et dans tous les fossés, il y a de l'eau en stagnation, de sorte que, dans un pays sec et sablonneux, l'une des principales améliorations serait un desséchement partiel, ce qui est une chose bien extraordinaire. Je n'ai guère vu de pays aussi susceptible d'amélioration, par les moyens les plus simples, ni aucun de plus propre à l'agriculture de Norfolk, 1° navets (1), 2° orge, 3° trèfle, 4° froment. Le seigle n'aurait pas de place ici, si la terre était marnée et cultivée selon la gestion des navets et du trèfle. — La misère de cette *triste* Sologne, selon le nom que lui donnent les écrivains français, la pauvreté des fermiers, l'état inculte de la plus grande partie du pays, proviennent principalement du cours de moissons qui y est pratiqué ; le plus léger changement donnerait un nouvel aspect à cette province désolée. Il est impossible de supposer une plus mauvaise agriculture que celle qui est pratiquée dans chaque arpent de ce vaste canton calcaire. — Il faut entièrement déraciner toutes les idées selon lesquelles l'agriculture de ces provinces de craie est administrée, avant de pouvoir y introduire une espèce de culture qui puisse rendre les particuliers aisés et la communauté heureuse.

La lecture de ces passages du voyageur anglais m'a tellement électrisé, qu'elle m'a décidé à me rendre moi-même à Blois et à Chambord pour vérifier, par mes yeux, et avec tout le soin dont je pouvais être capable, l'état actuel de Chambord, et l'amélioration dont cette vaste enceinte serait aujourd'hui susceptible. J'en ai fait, pendant plusieurs jours, l'examen le plus scrupuleux. J'ai parcouru le parc, j'ai fait faire des fouilles pour connaître le sol ; enfin j'ai reconnu que le plan de l'abbé Rozier pouvait y être exécuté, même un peu plus en grand qu'il ne l'avait conçu, quoique la situation actuelle de ce terrain soit plus repoussante et plus triste qu'elle ne pouvait l'être en 1789. En conséquence, j'ai écrit au citoyen Chaptal, ministre de l'intérieur, la lettre dont je vais vous lire l'analyse.

(1) L'illustre agriculteur anglais insiste fort sur les turneps ; mais cette plante pourrait être trop aqueuse pour la Sologne. Les panais et les féves, beaucoup plus succulents en France, devraient donc être préférés.

§ VII *Demande de la concession des château et parc de Chambord, pour y établir une colonie ou une ville nouvelle, avec une école nationale d'agriculture, des fermes et pépinières expérimentales,* etc.

AU MINISTRE DE L'INTÉRIEUR.

CITOYEN MINISTRE,

Depuis long-temps, j'ai soumis au premier consul le dessein de fonder, sous son nom, une colonie d'un nouveau genre. Il ne s'agit pas d'aller chercher des plages inconnues, au-delà des mers, mais de vivifier une partie stérile de la France, par la construction d'une ville qui restitue à l'agriculture et au commerce une grande portion, aujourd'hui inculte et abandonnée, de notre vaste territoire. Cette conquête sur nous-mêmes vaut mieux que la recherche des terres australes. La mine d'or est dans nos champs ; il ne faut qu'y savoir fouiller.

Cette idée souriait au génie d'un héros et du premier magistrat d'un grand peuple. Mais le moment de la guerre, qui est celui de la destruction des villes et de la ruine des campagnes, n'était pas une époque favorable à des fondations nouvelles. Il a fallu, malgré moi, ajourner l'exécution d'un projet, si digne du siècle de gloire qui s'ouvre pour la France.

» Enfin nous devons à la valeur et à la sagesse de l'homme le plus étonnant de l'histoire moderne, la paix continentale et la paix maritime. La France, indépendante, rendue à ses limites naturelles, s'assied au rang des premières puissances de l'Europe. Le moment des améliorations est donc arrivé ! et il convient que l'une de ces améliorations soit un monument à la gloire du bienfaiteur des peuples et du pacificateur du monde.

Sous ces heureux auspices, je propose d'établir une colonie et une ville nouvelle, avec tous les accessoires qui peuvent rendre cet établissement plus avantageux à la nation, sans exiger du gouvernement aucun sacrifice onéreux, ni du trésor public aucune avance.

Il existe au centre de la France, dans le département de Loir-et-Cher, qui tient le milieu entre ses différents climats, un château et un parc, d'une immense superficie, dont la république ne retire presque rien dans leur état actuel. C'est le château et le parc de Chambord. Le château a été dévasté. Le sol du parc passe pour être ingrat. Il fait partie de la malheureuse Sologne. Les prairies ne sont plus que des marais. Cependant, il est possible d'en tirer un parti utile par des travaux et des avances bien entendues. Si ce parc n'est pas plus productif, c'est qu'il appartenait au domaine et qu'il a été négligé. Six mille hectares de terrain sont perdus à Chambord. Ils peuvent prospérer par l'industrie particulière. Ce serait un crime de livrer une si belle propriété aux spéculations de l'agiotage ou à la rapacité de l'intrigue. Il est digne du gouvernement de s'élever ici au-dessus des vues mesquines de l'insouciance et de la faiblesse des administrations précédentes. Chambord ne fut long-temps qu'un rendez-vous de chasse. Il faut qu'il soit le modèle des colonies, le séminaire des cultivateurs et le triomphe de l'économie rurale.

Pour remplir ces vues, je demande que le gouvernement me concède à perpétuité le château et parc de Chambord, d'après une estimation rigoureuse de leur valeur actuelle, à charge par moi et mes ayant-cause,

1° D'établir à mes frais dans ce local une ville et un port, sous le nom du premier consul;

2° De faire, à cet effet, les canaux nécessaires pour dessécher les terrains actuellement submergés, et pour rendre navigable la rivière du Cosson, qui traverse le parc de Chambord.

3° D'y établir une école nationale d'agriculture, où seront reçus des élèves de tous les départements de la France, aux conditions qui seront réglées de gré à gré, soit avec les préfets des départements, soit avec les parents des élèves;

4° De consacrer le terrain du parc à des fermes, cultures, vignes, pépinières et plantations expérimentales, dont les comptes seront rendus publics à l'imprimerie qui fera partie des établissements de la ville nouvelle.

On donnera par là l'exemple de ce qu'on peut faire en grand pour vivifier de même les autres parties incultes de la France, et surtout les cinq cent mille hectares de la ci-devant Sologne, dont la misère et l'inculture font la satire la plus amère de l'ancienne administration. Le gouvernement ne voudra pas laisser subsister contre lui ce titre d'accusation, qu'il est si aisé de faire disparaître. Ma proposition est un des plus sûrs moyens d'y parvenir.

L'idée d'employer le terrain de Chambord à une école d'agriculture, était venue à l'abbé Rozier. Il l'avait proposée, en 1775, au contrôleur-général Turgot, qui l'aurait accueillie. Mais les courtisans, qui convoitaient ce domaine, firent entendre que dans le cas d'une guerre malheureuse, le roi pourrait avoir besoin de se retirer au-delà de la Loire, et l'on en conclut bravement qu'il fallait conserver Chambord dans sa stérilité et sa dégradation.

L'abbé Rozier reproduisit son idée auprès des premières assemblées nationales. Son mémoire a été perdu dans les cartons des comités, où je n'ai pu le retrouver, malgré les recherches que j'ai faites, à sa prière. J'ai plusieurs lettres de lui à ce sujet.

Pendant que l'auteur français du *Cours complet d'Agriculture* était tourmenté du projet de rendre Chambord utile à ce premier des arts par la formation d'une école si nécessaire, un célèbre agronome anglais visitait la France. Arthur Young passait à Chambord en 1787, et il formait le vœu qu'on y établît une ferme expérimentale, pour arracher à leur misère et à leur barbarie agricole les deux cent cinquante lieues carrées qui composent la triste Sologne. Mais il désespérait de voir ses vues se réaliser, jusqu'à ce que les hommes fussent gouvernés par des principes tout-à-fait contraires à ceux qui avaient prévalu jusqu'au temps où il écrivait.

Je vous invite à lire les extraits des voyages d'Arthur Young, que je joins à cette lettre. Sans doute, vous serez frappé de ce qu'il dit de la Sologne et surtout de Chambord. Vous vous honorerez vous-même, en remplissant sa prophétie et en prouvant par le fait que l'époque est arrivée en France, où les hommes sont gouvernés par des principes tout autres que ceux qui prévalaient dans le temps où l'on était forcé de renoncer à l'espérance de voir améliorer la Sologne, en destinant à une ferme d'expérience le terrain du parc de Chambord.

Avec un homme tel que vous, je n'ai pas besoin de développer les avantages du plan que je vous soumets. Vous êtes convaincu que les améliorations et les réformes à introduire dans notre agriculture ne peuvent se propager que par une forte impulsion et par un grand exemple. Il n'est point question ici de dissertations théoriques, ni d'essais en miniature. Six mille hectares de terrain à tirer du néant, seront pour nos agriculteurs une leçon vivante. Enflammé par la beauté de ce plan, je désire ardemment de lui consacrer le reste de ma carrière. J'ose penser que tous les membres du gouvernement à qui vous pourrez communiquer ce projet, en sentiront l'importance et concourront avec vous, de tous leurs moyens, à en faciliter la plus prompte exécution. Rien ne peut l'arrêter. Je ne demande pas un écu au gouvernement. Je ne veux qu'un terrain, dont il ne fait rien et dont il ne peut rien faire. Je compte en outre sur les facilités qui dépendent d'une autorité éclairée et bienfaisante. Par exemple, un des articles de la concession doit porter les contributions de Chambord à une somme fixe, qui ne pourra être augmentée pendant le laps de temps nécessaire pour les constructions et les améliorations que je propose. Il y aura d'autres articles à régler, du détail desquels je ne crois pas devoir alonger ma pétition, parcequ'il sera temps de le débattre, lorsque vous aurez pris les renseignements nécessaires pour faire statuer sur l'objet principal de ma demande. Il est à désirer seulement que vous puissiez accélérer ces préliminaires, afin de retarder le moins possible la mise en activité d'un plan, dont je crois que l'annonce serait heureusement liée aux fêtes mêmes de la paix. Vous sentez que j'aurai moi-même des opérations préalables, longues et sérieuses, à remplir, pour reconnaître la nature des terres, en lever les niveaux, faire faire les plans des canaux et des édifices à construire ou à réparer, faire connaître les conditions auxquelles les élèves des départements seront reçus à l'école nationale d'agriculture, en choisir et en diriger les professeurs, créer les fermes et les pépinières d'expériences, et jeter les fondements de la ville nouvelle, sur un plan digne du nom que cette colonie sera fière de porter.

On parle d'ériger un monument à la gloire du premier consul. Celui que je propose doit plaire à son cœur. Il n'y a pas de statue, de colonne, ni de trophée qui puisse valoir une colonie fondée et une ville érigée en son nom. Cette pensée est un tribut que j'aime à lui offrir;

mais ce n'est pas assez qu'elle soit tracée par ma plume sur ce papier
muet. Je brûle d'être assez heureux pour la tracer sur le terrain et vous
mettre à portée de poser la première pierre de la ville nouvelle, le
même jour où vous pourrez inaugurer l'école d'économie rurale pour
les élèves réunis des cent départements. Hâtez cet heureux jour, et vous
aurez de nouveaux droits à la reconnaissance de la nation.

Signé FRANÇOIS DE NEUFCHATEAU.

§ VIII ET DERNIER. *Moyens que j'avais préparés pour
l'exécution du plan d'une colonie agricole dans le
parc de Chambord.*

Le mémoire qu'on vient de lire, et que je présentai
à la société le 14 brumaire an 10 (15 novembre 1801),
finissait par un résumé qui se trouve imprimé dans l'essai
général (des 4 et 14 nivôse an 10), cité plus haut (1),
concernant les expériences à faire en grand, dans plusieurs genres, pour le bien de l'agriculture. J'en parlais,
je l'avoue, avec un peu d'enthousiasme ; je disais avec confiance aux savants agronomes (2), que j'appelais à mon
secours :

« J'ai rassemblé, depuis long-temps, les matériaux
» des trois genres d'expériences que je viens de vous in-
» diquer. Je les ai médités, et j'ai connu l'idée de faire
» fouiller cette mine aussi fertile qu'elle est vierge, par
» tous ceux qu'intéresse le trésor qu'elle a dans son
» sein.... Je recueillerai, avec soin, les résultats de ces
» essais, je les comparerai ; et après les avoir soumis à
» la société, j'en formerai, sous ses auspices, un recueil
» qui sera le *Registre annuel de l'Agriculture pra-
» tique,* etc. »

(1) *Voyez* ci-dessus, page première.
(2) Fondateurs comme moi de la société en 1798, et dont je regrette
aujourd'hui en 1827, les Thouin, les Chabert, les Parmentier, les
J. B. Dubois, les Vilmorin, père, les Cels, et autres. Puissent leur
survivre long-temps, MM. Tessier, Huzard et Yvart, seuls de ces
premiers membres que je me glorifie d'avoir encore pour confrères avec
MM. Coquebert de Monbret, Lasteyrie, Molard, Sageret et Sylvestre
que nous eûmes l'honneur de nous associer aussi en 1798! Que tous
ces noms me sont chers, et que je suis heureux de trouver cette occasion d'exprimer mon respect et mon attachement pour ceux qui les ont
illustrés !

Je ne saurais me rappeler, sans une émotion profonde, les encouragements que l'annonce de ce projet reçut alors de toutes parts. Le ministre le présenta promptement aux consuls avec un avis favorable, en y joignant deux arrêtés qui devaient assurer l'exécution de mes vues. Le conseil d'état convint même que *ces vues me donnaient de nouveaux droits à l'estime publique ;* cependant, le 2 avril 1802 (12 germinal an 10), on ajourna mon projet, et l'on donna pour prétexte *qu'on voulait d'abord être au fait de mes moyens d'exécution,* etc., etc.

Ce dénouement inattendu ne laissa pas de m'étonner, non par rapport à moi, mais pour le bien de mon pays, que j'avais seul en vue.

J'étais si plein de mon sujet, qu'il ne me fut pas difficile d'exposer les moyens de réaliser mes promesses, comme je les avais conçues, et d'en rendre de vive voix un compte très précis, dans le seul entretien que j'aie eu sur cette matière, avec l'homme extraordinaire dont cette colonie devait porter le nom. A la manière réfléchie dont il me paraissait écouter ces détails, j'avais lieu de juger qu'il en était content.

Voici quels étaient ces moyens, que je n'avais voulu confier qu'à lui seul :

Vous concevez, lui dis-je, que mon plan n'a rien de commun, quant aux détails exécutifs, avec ceux de l'abbé Rozier. Il ne saurait m'appartenir, à l'époque actuelle, de prendre comme lui des prêtres *pour mes aides-de-camp* (1). D'ailleurs, moi, j'ai vu le terrain ; j'en ai examiné le sol et sondé le sub-sol ; j'y ai passé quelques semaines, afin de m'assurer de ce que ce domaine a pu être autrefois, de l'état incroyable de dégradation où il est actuellement, et de ce qu'il faut y faire pour métamorphoser ce désert effrayant en une grande école d'agriculture nationale. L'étude approfondie de ces loca-

(1) Expressions de Rozier dans son mémoire. Il m'avait mandé à moi-même qu'un prélat italien avait eu raison d'écrire, le 26 juin 1771, que les paysans n'auraient jamais d'autre maîtres que leurs curés : « *Che i contadini non avranno mai altri maestri che i loro preti.* » Il tirait cette citation du Mémorial d'agriculture de Tarello, édition du P. Scottoni, in-4°, Venise, 1773.

lités, qui manquait à Rozier, m'a servi, au contraire, de guide et de boussole, dans l'horizon plus étendu que mes yeux ont pu embrasser.

A la première inspection que j'ai pu faire de Chambord, je me suis demandé : « Où sont les aides nécessaires et les vrais coopérateurs de la prospérité de cette science rustique, dont je veux ériger ici le collége normal ? »

On ne peut les trouver, me suis-je répondu, que dans le sol rendu perméable aux principes nageant dans l'atmosphère, ce magasin universel, que la bonté divine met à la disposition de l'intelligence de l'homme.

Il n'est pas question de raffiner ici sur la nomenclature des chimistes modernes. Prenons les notions communes, et parlons la langue vulgaire. Partons de ce qui est généralement convenu. La terre, l'eau, l'air et le feu, ces éléments (auxquels la Chine en ajoute un cinquième, le bois, dont elle manque, et dont la disette la gêne), ces quatre éléments primitifs concourent, par leur action et leur réaction, convenablement secondées, au succès des travaux et des soins de l'agriculture. D'après l'opinion des auteurs les plus anciens, les principes de la culture sont les mêmes que ceux du monde, l'eau, la terre, l'air, le soleil (1). L'art consiste à tirer parti du flux et du reflux de ces agents primordiaux, et à les combiner sans cesse les uns avec les autres, en dirigeant l'emploi de toutes ces ressources d'une manière si conforme à la marche de la nature, que ses productions, toujours miraculeuses, et pourtant toujours simples, se suivent sans dérangement, et s'accomplissent sans obstacle (2). Voilà tout le mystère ! l'art ne doit qu'aider la nature. Tel est, en peu de mots, le code de la théorie et de la pratique rurales.

La situation où j'ai trouvé Chambord atteste qu'en ces derniers temps on y a fait tout le contraire. Loin d'y coor-

(1) C'est ce que Varron dit, en citant Ennius : *Agriculturæ principia sunt eadem quæ mundi esse*, *Ennius scribit : aqua, terra, anima et sol.* Varr., tom. I, pag. 4.

(2) *Sic omnia adjuvabunt naturam, ut naturæ opera peragantur.* SENEC. tom. III, pag. 29. Ce texte a bien plus d'énergie dans sa brièveté que dans la paraphrase où le génie de notre langue m'a forcé de le délayer.

donner les principes des éléments, on paraît avoir pris à
tâche de désorganiser l'ensemble de ce grand domaine, et
d'en replonger les parties dans une espèce de cahos. Il serait curieux, mais trop long de développer les degrés par
lesquels cette grande propriété a été successivement ame-
née à un tel état de dégradation et d'avilissement. Un rapide coup d'œil jeté sur son histoire, suffira pour en bien
juger.

François Iᵉʳ, voulant créer une possession qui serait la
plus grande et la première de l'Europe, fit enceindre de
murs de dix pieds de hauteur les territoires réunis d'un certain nombre de villages, dont les cultures firent place à
un bois de sept lieues de tour. Quinze cents ouvriers tra-
vaillèrent pendant trente ans à la construction du château
et des murs du parc, qui furent élevés en pierre, dans un
sol qui pourtant n'avait point de carrière. Les dépenses
prodigieuses de ce plan gigantesque, sont détaillées dans
les registres de la chambre des comptes qui existait alors à
Blois. Le prince fondateur avait eu de grandes pensées,
qui, malheureusement ne purent être exécutées. La Loire
qui ne passe qu'à une demi-lieue du terrain de Chambord,
devait s'y joindre avec la petite rivière du Cosson, par
laquelle le parc se trouve traversé dans la direction du
levant au couchant; mais la mort de François Iᵉʳ sus-
pendit ses desseins, où entrait une vue qui devint quelque temps après étrangère à ses successeurs; les frontières
de France au nord étaient dans ce temps-là bien plus près
de la capitale, et, en cas de malheur, la cour voulait se
réserver au besoin un asile de l'autre côté de la Loire. (*A
ces mots, le premier consul rembrunit son regard et fronça
les sourcils. Je crus qu'il voulait m'interrompre; je m'ar-
rêtai. Après un moment de silence, il me dit de continuer.*)
Louis XIV ayant reculé ces frontières, abandonna Chambord, dont on ne savait trop que faire. On le donna depuis au maréchal de Saxe. La mémoire de ce héros n'a
pas pu y être bénie. Entièrement livré au plaisir de la
chasse, il y introduisit le malheureux régime des capi-
taineries, et cet affreux code des chasses, destructeur de
l'agriculture. Alors ce beau domaine, et même des villages
situés hors du parc, prirent le triste aspect d'un désert où

les bêtes fauves ravagent les récoltes, et ne laissent aux hommes que des pâtis et des bruyères. Enfin l'on avait cru pouvoir y créer un haras, si follement dispendieux, que pour en nourrir les chevaux, il fallait tirer les fourages de la prairie d'Onzain, à quatre lieues de Blois. On a calculé qu'un cheval, sortant de ce haras, devait avoir coûté au roi jusqu'à cent mille francs. La révolution a détruit cet abus, pour en substituer d'autres. Enfin voici fidèlement l'état où est réduit Chambord.

Le parc a de superficie 10,232 arpents, de 100 perches de 22 pieds, ou arpents des eaux et forêts de 48,400 pieds carrés. Cette superficie équivaut à plus de 5223 hectares et demi, de si peu de valeur que toute cette contenance ne paie d'impositions que 15,788 francs 19 centimes; 3 francs seulement par hectare, ou trente sous par grand arpent. Cette taxe suppose que le produit de tant de terre est excessivement modique; et ce produit l'est en effet au point que cette même taxe paraît encore exagérée.

Les métairies, locatures, prés, étangs, maisons du bourg affermés, comprenant à peu près la moitié du terrain, ou 2,500 hectares, produisent annuellement environ.................................. 22,000 fr.

Les bois occupent l'autre moitié du parc, ou 2500 hectares; ces bois ne sont point aménagés; on y a fait depuis trois ans de petites coupes extraordinaires, dont le produit peut s'élever par an à....................... 15,000

En tout............................. 37,000

Sur quoi, il faut déduire pour frais de garde, portier, concierge, inspecteur des bâtiments, impositions et réparations, etc., au moins... 22,000

Reste de produit net une somme annuelle de 15,000

à peine égale au montant des contributions (sans compter les centimes additionnels): de manière que le revenu net des cinq mille hectares, et plus, n'est, comme l'impôt, que de trois francs par chaque hectare, ou de trente sous par arpent.

Ce résultat semble incroyable; mais il n'est que trop attesté par les registres et les comptes que j'ai vérifiés.

Ce résultat s'explique par la manière dont Chambord a décru progressivement dans le siècle dernier.

En 1729, la forêt fut mise en coupes réglées par ordinaire de cent arpents ; mais alors le bois avait deux cents ans, et plus. Les arbres étaient presque tous couronnés de vétusté. La majorité des souches n'a pas repoussé. Ces bois ont été successivement abroutés par les bestiaux et brûlés par les pâtres. Les prairies naturelles pourraient être excellentes et facilement arrosées ; mais elles sont noyées par les eaux ; on ne sait ce que c'est que les prairies artificielles. De 1500 arpents cultivés, il n'y en a que 60 susceptibles de produire du blé ; le reste est en seigle et en sarrasin. Le terroir est comme celui de toute la Sologne, une couche de sable humide, posant sur de l'argile, et qu'on ne peut fertiliser que par des procédés et des moyens particuliers ; mais surtout à force d'engrais, qui sont plus nécessaires aux terrains aquatiques (1). Enfin la petite rivière qui traverse le parc, et qui devrait en augmenter les ornements et les richesses, en est aujourd'hui le fléau par la stagnation et l'engorgement de ses eaux qui vont multipliant l'infection des marécages et les germes de pestilence qui doivent en être les suites funestes et inévitables.

Et cependant il est possible de tirer le parc de Chambord de cette situation de misère toujours croissante, et d'en faire dans peu de temps ce que François Ier avait voulu qu'il fût, et beaucoup mieux encore ; car en visitant cette immense et triste solitude, j'ai reconnu que les moyens de la rendre féconde se lieront aux moyens d'en faire le plus beau jardin de la France, tant la nature y offre une variété d'objets tous propres à former de charmants paysages et des points de vue pittoresques ! N'oublions pas ici ce qu'a dit l'orateur romain : qu'il n'y a rien de plus utile pour les besoins de l'homme, ni de plus agréable pour le coup d'œil d'un sage, qu'une terre bien cultivée (2). Souvenons-nous aussi que cette culture parfaite suppose un travail bien conçu plutôt qu'une grande

(1) *Ager aquosus plus stercoris quœrit , siccus minùs.* **Palladius**, I, 6.
(2) *Agro benè culto nil potest esse, nec usu uberius, nec specie ornatius.* Cic. de Senect., c. 16.

dépense (1) : et encore les prés, d'un revenu si riche, exigent bien plutôt du soin et de l'attention que du travail proprement dit (2).

Maintenant, suivons avec ordre les détails du grand plan que j'ai imaginé, pour établir l'école de l'agriculture dans le terrain ingrat de ce domaine, destiné à devenir si magnifique, et qui finit par ressembler à un cloaque abandonné.

I. *Créer un débouché pour les produits de la culture.*

Le premier des obstacles à prévoir et à vaincre, c'est l'isolement du local et le défaut de débouché pour les productions qu'on peut y faire naître. Chambord, tout immense qu'il est, puisqu'il ne communique à rien, n'a eu jusqu'à présent aucun intérêt à sortir de son état de nullité. Son site bas et insalubre peut être corrigé; mais les abords n'en sont ni commodes, ni agréables : on n'y arrive et l'on n'en sort que par des chemins vicinaux. C'est bien ce que Voltaire aurait appelé une impasse; et voilà ce qui a fait croire que ce lieu n'était bon que pour un rendez-vous de chasse. En y regardant de plus près, je me suis assuré que la rivière du Cosson, qui est maintenant le fléau du parc qu'elle traverse et où elle est stagnante, peut, sans de très grands frais, se lier à la Loire, où cette rivière va se rendre à deux lieues de Chambord. Cette même rivière deviendrait le canal de l'extraction des denrées que le domaine aurait produites, et celui des apports dont il aurait besoin. La Loire qui descend à Nantes, indique donc le port de Nantes comme le point avec lequel Chambord doit être mis en un contact direct et un rapport continuel. Cette correspondance ne serait nullement difficile à monter. De bonnes maisons de commerce qui existent à Nantes, prévenues de mon vœu, m'ont offert leur crédit pour fonder ces relations, de manière à les rendre avantageuses à la cité de Nantes, et à l'école de Chambord, qui en serait considérée comme

(1) C'est une maxime de Pline : *Profectò operâ, non impensâ, cultura constat.* tom. XVIII, 6.
(2) *Cultus pratorum magis curæ quam laboris est.* COLUMELLA, II, 3.

une colonie située, non delà les mers, mais au milieu des terres. Et ne vaut-il pas mieux appliquer les ressources du commerce national à féconder ainsi un coin de l'intérieur de la France, que de porter des capitaux au-delà du tropique?

Cette première idée a été un trait de lumière qui a réglé soudain le reste de ma marche, et aplani tout obstacle au succès de mon plan.

II. *Assainir le local et rendre la rivière utile en distribuant mieux ses eaux.*

Le Cosson a été si honteusement négligé, que son lit a besoin d'un curage complet; mais ce n'est pas encore assez; cette rivière dort, parcequ'elle a trop peu de pente. Pour lui en procurer, il faut la prendre à son entrée dans le parc de Chambord; là on lui creusera un petit lac pour exhausser le niveau de ses eaux et grossir leur volume, au moyen d'une forte digue, derrière laquelle ces eaux se trouveront retenues, s'écouleront ensuite en un ou plusieurs lits, suivant la pente du terrain et les besoins de la culture ou des usines à fonder.

J'ai vu et comparé, en France et en d'autres pays, plusieurs exemples remarquables du parti que l'on peut tirer du ménagement des cours d'eau, pour l'utilité des fabriques, comme pour l'assainissement et l'ornement tout à la fois, soit des villes, soit des campagnes. Nous avons, sans sortir de France, de beaux modèles en ce genre. Par exemple, on ne peut se lasser d'admirer la dérivation et l'emploi des eaux de la Seine, qu'un comte de Champagne a eu l'art de distribuer autour de la ville de Troyes, de manière à les rendre utiles à l'enceinte de cette ville, et à changer ses environs en un vaste jardin, incontestablement le premier des jardins du genre pittoresque ou chinois, et si bien que le plan de la banlieue de Troyes a été levé tout exprès pour une reine d'Angleterre, aimant de passion les paysages naturels. J'ai parcouru aussi avec le plus vif intérêt cet *hortillonage* d'Amiens, assemblage de potagers placés dans un grand nombre d'îles que baignent les eaux de la Somme, et où les jardiniers ne peuvent aller que par eau. Chacune de ces îles est abritée au nord par

des lisières de grands arbres. Les productions admirables
de ces îles fleuries sont arrosées sans frais par les canaux
qui les entourent. Une promenade en bateau dans cet
hortillonnage est une partie de plaisir dans la belle saison, et dont l'enchantement semble tenir de la féerie.

Nous avons maintenant en France, grâce aux triomphes de nos troupes, ce beau pays de Vaës, terre miraculeuse, et autrefois stérile, partagée en douze communes, où il y a un seul village de plus de six mille ames.

Ce territoire est un modèle de distribution des terres,
et des moyens ingénieux de les fertiliser. C'est un vaste
jardin dont tous les fonds sont retournés à la bêche tous
les sept ans. J'ai visité ce beau pays ; j'en ai une carte
fidèle ; et sa richesse incalculable met encore sa féerie et
ses enchantements au-dessus des prodiges des environs de
Troyes et de l'*hortillonnage* d'Amiens (1).

Or, c'est cette féerie et ces enchantements qui doivent
décorer et enrichir Chambord, quand le terrain sera
coupé des nombreux et larges fossés qu'il faut y creuser
en tous sens, pour élever le sol des forêts, des champs et
des prés, et tout en les débarrassant de la stagnation des
eaux qui s'y infiltrent aujourd'hui, tourner ces mêmes
eaux au plus grand avantage de la possession, par plusieurs moyens différents. Ces saignées navigables pour de
petites barques, seront 1° des routes continues qui faci-
literont la circulation dans toutes les parties du parc ; 2° les
distributeurs des trésors de l'arrosement, le premier des
engrais, surtout pour les prairies ; 3° enfin les mobiles
perpétuels des moulins, des machines, des rouages de toute
espèce, devenus maintenant de si puissants auxiliaires de
l'agriculture et des arts, dont l'agriculture est la mère.

Ces opérations vont créer tout de suite dans l'intérieur
de Chambord un système étendu de canaux que Pascal
appelle des chemins qui marchent. Les populations que
la culture attirera dans ces nouvelles Hespérides, seront

(1) Cet article est si important, que je crois devoir insérer dans
les *Pièces justificatives*, à la suite de ce Mémoire, une courte description de ce pays de Waës, par un médecin belge extrêmement
instruit. *Voyez* donc, ci-après, le numéro III de ces pièces tirées de
mes cahiers agronomiques.

forcées d'apprendre à manier la rame, puisque leurs principales communications se feront moins par des charrettes que par des barques, des allèges et des voitures d'eau.

La pente de tous ces canaux sera si bien réglée, que l'eau sera toujours courante.

Les terres excavées seront jetées sur les deux rives, de manière à former des plans inclinés suivant l'art, et qui seront couvertes de plantations analogues à la nature du local et aux arbres que j'ai reconnus qui s'y plaisent.

Il se trouvera de ces berges, exposées au soleil et d'une si grande étendue, que leur superficie deviendra favorable à la culture du maïs, actuellement inconnue dans le domaine de Chambord : ce maïs sera susceptible d'une grande fécondité parcequ'on pourra l'arroser au besoin, et lui donner aussi la sorte d'engrais que les Italiens ont prouvé lui être la plus avantageuse (1).

Mais n'anticipons pas ici sur les articles de culture. Il faut auparavant disposer le terrain et préparer les logemens des hommes et des bestiaux.

III. *Distribuer d'avance le terrain de manière à prévenir tous les obstacles qui s'opposent en France aux progrès de l'agriculture.*

Ces obstacles sont signalés depuis que l'on s'occupe un peu plus sérieusement de l'art de la culture. La révolution n'en a détruit qu'une partie. Il en reste plusieurs qu'elle n'a pas même effleurés, et principalement ceux que *Duhamel du Monceau* a si bien remarqués dans son ouvrage capital des *élémens d'Agriculture* (2), et qui sont au nombre de trois :

(1) Ce sont les excrémens humains. En Toscane et à Lucques, on les tient dans des réservoirs. On les étend avec de l'eau, de la moitié de leur volume. Cet engrais est celui qui procure aux Lucquois ces abondantes récoltes de maïs quarantain qu'ils recueillent sur les champs où ils ont semé ce grain aussitôt que le blé en a été enlevé. Lors du premier sarclage de ce maïs, on verse au pied de chaque plante une dose de cette matière, et on bine ensuite autant de fois que cela devient nécessaire. Cet engrais s'emploie aussi avec avantage en Toscane pour toutes les plantes céréales, et même pour les légumes et les plantes potagères. (*Essai sur les Engrais*, de Philipp. Re, pag. 4.)

(2) Tome II, livre 12.

1° La trop grande subdivision des pièces de terre qui oblige les habitants de certains pays à suivre une méthode uniforme de culture ; car si un laboureur veut mettre, par exemple, en pré artificiel un de ces petits champs, enclavé dans la sole des jachères, les autres champs étant ouverts au bétail, sa petite portion de terrain sera immanquablement dévastée.

2° La *vaine pâture* et le *parcours*, dans les pays où ils sont établis ; tous les champs sont indistinctement ouverts aux bestiaux après la moisson ; aussitôt que les gerbes ont été enlevées, chacun peut y envoyer ses bestiaux jusqu'au temps des semailles. En conséquence de cette liberté, les animaux détruisent tout ce qu'ils trouvent dans les champs, de sorte qu'il n'est pas possible d'avoir des vesces ou des pois tardifs, pour faire du fourrage, et encore moins des prés artificiels ; enfin tout ce qui ne se récolte pas avec les grains devient la proie du bétail, etc.

3° Le troisième obstacle que cet auteur indique, est la trop courte durée des baux qui empêche les fermiers de se récupérer des avances et des travaux qu'ils auraient faits pour mettre les fonds en valeur, etc.

Ces inconvénients qui subsistent encore presque partout en France, sont des restes de barbarie et des vieilles routines établies dans les temps où nos premiers ancêtres étaient presque sauvages. César et Tacite nous disent que dans la vieille Germanie les terres subissaient tous les ans un nouveau partage (1). Dans cet état d'incertitude et d'indivision, nulle propriété ne pouvant être fixe, ne pouvait être productive, car ce qui est à tout le monde n'est précisément à personne.

Quelques édits de Louis XV, rendus vers la fin de son règne dans de bonnes intentions, favorisèrent les clôtures ; ces lois ne semblaient calculées que pour le profit des gens riches. Les pauvres se trouvaient alors dépossédés soudain sans aucun dédommagement de ces usages de parcours et de vaine pâture, dont la longue possession leur avait fait des droits. Les communes se révoltèrent, et les tribunaux retentirent des procès et des violences que

---

(1) *Arva per annos mutant.* TACIT. *de Moribus Germanorum.*

cette nouveauté fit éclater de toutes parts. J'étais jeune et j'entrai alors dans la magistrature, je gémissais de la rigueur que j'étais forcé d'exercer contre tant de gens de campagne, qui ne pouvaient souffrir les lois qui les dépouillaient. Et c'est à cette époque même où l'on put entrevoir chez le peuple les premiers signes des affections qui couvaient dès lors de si grands et de si terribles orages.

Toutefois, l'intendant de la province de Lorraine (1), appliquait dans ses terres un remède plus doux et sûrement plus juste à l'abus qu'on avait voulu corriger brusquement et avec trop de violence. Il donnait donc l'exemple de disposer les habitants de plusieurs de ses terres par la persuasion seule et par des sacrifices, à remettre en commun toutes les portions morcelées et éparses, de leurs finages (2) respectifs, et à les échanger entr'eux, pour les distribuer sur un plan uniforme, plus favorable à la culture, en rejoignant les pièces, qui devaient désormais rester invariables dans les cadres où des chemins, pris sur la masse générale, conscrivaient les possessions de façon qu'elles fussent toujours accessibles à la culture et à la circulation de deux côtés au moins. Ces opérations furent exécutées avec un grand succès. Elles subsistent aujourd'hui à Neuviller et à Roville, aux bords de la Moselle : modèle admirable, et trop peu imité, de l'arrangement qui ferait le bien de toutes les communes où l'on voudrait le suivre. J'ai étudié sur les lieux les détails de cette grande œuvre ; j'en étais si frappé, que j'avais engagé l'illustre abbé Raynal à la placer avec éloge dans une édition de son *Histoire philosophique*, et il comptait en parler avec la chaleur entraînante qu'il mettait à son style quand il voulait faire valoir des conceptions dignes de son enthousiasme ; mais la mort nous l'a enlevé, sans lui laisser le temps de tenir sa promesse (3).

(1) Le marquis de la Galaizière.
(2) Territoires.
(3) On trouvera ci après, dans le numéro deux des *Pièces justifica-tives*, que je place à la suite de cette introduction, les lettres-patentes que M. de la Galaizière avait obtenues de Louis XV, et que j'ai intitulées : *Modèle authentique de la distribution des terres en faveur de l'agriculture.*

Or, voici le moment de réaliser ce prodige, au centre de la France, et d'exposer ce grand modèle aux yeux de tous les voyageurs qui viendront visiter Chambord. Point de difficultés à craindre. Tous les baux des fermiers sont à leur échéance. Rien ne peut empêcher que l'on ne distribue les 5,ooo hectares de terre clos de murs, qui composent ce grand domaine, de la manière et dans les vues reconnues les plus propres à en tirer parti.

Je crains que ces détails ne vous paraissent un peu longs; mais ils sont importants et rien ne vous est étranger.

Parcourons donc les six objets que son agriculture nous semble devoir embrasser, et qui comprennent, en effet, le cours le plus complet de l'agriculture française.

> La culture du chêne,
> La culture du chanvre, préparant à celle du blé ;
> La culture des prés ;
> La culture des vignes ;
> La culture des jardins ;
> Les établissements d'industrie locale.

Les deux premiers articles étant les plus essentiels, et devant surtout importer au chef d'un grand gouvernement, sont ceux que je m'attacherai à développer d'avantage. Les autres ne seront traités qu'en peu de mots.

IV. *Culture du chêne et plantations en général.*

Ce mot de culture, appliqué au chêne et aux plantations, ne doit pas étonner, parceque dans mon plan d'une école d'agriculture, je ne puis adopter la routine qui abandonne tous les arbres à eux-mêmes. C'est avec ce mauvais système que l'on a perdu nos forêts et que la France est menacée de manquer de bois avant peu. Cet objet si considérable mérite assurément d'être mis sous vos yeux. Je vous conjure donc de me continuer ici l'honneur de votre attention.

Je commence par observer que les chênes crus à Chambord ne pourront être gaspillés pour le simple chauffage. Toutes leurs parties de service seront débitées et sciées comme objet de commerce. Un combustible économique, formé de terre glaise et de poussière de charbon, sera

seul consommé dans l'école d'agriculture. Et si vous demandez la raison de cette mesure, je m'empresse de vous
la dire.

Depuis plus d'un siècle on se plaint en France de la
rareté du bois. Ces plaintes alors n'étaient sans doute rela-
tives qu'à la disparution de ces arbres prodigieux qu'on
ne retrouvait plus que dans la charpente des anciens châ-
teaux, ou dans celle des églises de la plus antique construction. Ces plaintes n'avaient certainement pas pour
objet la rareté du bois comme combustible, ou comme
nécessaire à la confection des échalas, des cercles, des
tonneaux, charpente commune, puisque tous ces articles
étaient encore à bon prix il y a trente ou quarante ans.

Quelle est donc, au commencement de ce nouveau siècle, la cause de leur excessive pénurie? Comment a-t-elle
pu s'établir en si peu d'années, au point qu'un hectare
produit huit fois moins, dans le même climat, qu'il ne
produisait à une époque si peu reculée. Cette énorme différence effraie l'imagination, et semble avoir jeté dans
les ames une terreur profonde, et qui ne devrait pas être
inutile. Le consommateur habitué de longue main à prendre, dans les forêts de son arrondissement, la charpente,
le combustible et les autres bois dont il a besoin, se borne
à des cris impuissants contre la rareté toujours croissante
de ces objets. Dans le désespoir qu'occasionne une crise
aussi violente qu'elle a été subite, personne ne cherche
un remède aux maux présents, ou à ceux de l'avenir.

On se demande avec inquiétude quelle peut être la
cause de la dégradation toujours croissante des forêts.

On la trouve communément dans les énormes dépré-
dations qui ont eu lieu pendant l'anarchie, tels que les
délits privés, la coupe subite des vieilles écorces des ave-
nues et des parcs.

C'est là, sans doute, ce qui a contribué à produire en
partie la disette actuelle ; mais je n'y vois rien qui puisse
nous inspirer des craintes pour l'avenir.

Après la tourmente, les excès et les erreurs de la révolution, nous avons le bonheur de vivre sous un gouvernement régulier, nous ne verrons pas se renouveler ces di-

lapidations. La dégradation des bois a donc une autre cause, et c'est à n'en pas douter l'anticipation des coupes.

Le fait que j'ai annoncé tout à l'heure en serait seul une preuve convaincante. J'ai dit qu'un hectare produit aujourd'hui huit fois moins de bois qu'il n en produisait il y a trente à quarante ans; et malgré le profond chagrin que m'inspire une semblable prédiction, j'ose dire qu'avant le milieu du siècle, ce même hectare ne produira pas la moitié de ce qu'il rapporte aujourd'hui.

Peu d'années avant la révolution, on ne coupait les taillis qu'à trente ou trente-cinq ans, et bien certainement les coupes antérieures s'étaient faites au même âge : jusqu'alors le propriétaire, en vendant son bois, réservait toujours un certain nombre des plus vieilles et des plus belles écorces, et pour baliveaux les plus beaux brins d'un taillis déja haut et fort. Mais depuis vingt-deux ans on fait coupe blanche dans tous les bois; et au lieu d'attendre que le taillis ait, comme anciennement, trente ou trente-cinq ans, on les coupe à dix-huit. Je n'ai que cinquante ans, et j'ai vu couper le même bois jusqu'à trois fois.

Je sais de science certaine qu'un taillis exploité en 1767, produisit alors par hectare vingt-six cordes de moule, quarante cordes de charbonnage, une quantité considérable d'échalas et de grandes futaies, à raison de trente-six à l'hectare, réserves faites: aujourd'hui, coupé à dix-huit ans, ce même hectare ne produit point de moule, quinze à dix-huit cordes de charbonnage, peu d'échalas, et point de futaie.

Voilà ce qui résulte de ces funestes anticipations : les baliveaux d'un âge aussi faible, isolés tout à coup, frappés plus vivement de l'air, tourmentés par les vents, restent nécessairement abougris; si leur tige prend plus de grosseur, elle monte beaucoup moins : au lieu que toute plante, resserrée par d'autres, ne refuse jamais de s'élancer, autant que sa nature et le terrain le permettent. Il en est du taillis qui va croître comme des baliveaux qu'on a conservés; plus le bois est jeune, au moment de la coupe, et plus chaque touffe repousse de brins; mais leur multitude nuit à leur accroissement. Un juste milieu dans l'aménagement est donc absolument nécessaire. Les anticipations des coupes sont donc bien réellement la cause de la rareté toujours croissante du bois.

Qu'on ne croie pas, au reste, que ces désastreuses anticipations et leurs funestes résultats n'aient eu lieu que dans les bois des particuliers ; ceux-ci, en suivant les mouvements de leur cupidité, n'ont fait qu'imiter les différents gouvernements qui se sont succédé dans le cours de la révolution. Le comité de salut public a dépeuplé les forêts nationales par l'anticipation des coupes, et par de nombreux chablis sur pied ; par une imprévoyance qu'on ne saurait expliquer, la même dilapidation s'est maintenue sous le directoire, et lorsque le gouvernement actuel a voulu s'opposer à la contagion, le mal était déja sans remède.

On ne peut donc voir se renouveler ces belles et nécessaires futaies qu'on admirait autrefois, tant que l'aménagement ne sera pas rétabli, et qu'on n'adoptera pas d'autres idées sur la manière de soigner et de reproduire les bois.

Duhamel du Monceau a présenté le compte exact des grands avantages du chêne soumis à la culture, sur ceux des forêts ordinaires. Ses calculs ont été justifiés par des expériences faites à Bordeaux et ailleurs. Je n'entre pas dans ces détails, qui exigeraient un volume ; mais je suis fondé à penser qu'un des plus grands services que peut rendre à la France l'école de Chambord, ce sera de donner en grand l'exemple de la valeur nouvelle que cette excellente méthode ajoute au prix inestimable du premier de nos arbres.

La culture du chêne y sera pratiquée, et les comptes rendus tous les ans des produits, prouveront que cette culture est infiniment plus facile et plus promptement fructueuse qu'on ne le croit à tort.

Des deux mille cinq cents hectares que l'on conservera en bois, il en existe à peine deux cents d'une vieille futaie belle essence de chênes, mêlés de bouleaux, d'aunes, de trembles, et de frênes : le reste est en mauvais état. Il y en a plus d'un tiers qui n'est bon qu'à être recépé. Toute cette forêt est assez mal percée ; il faut donc lui donner de l'air, y ouvrir de très larges routes, y creuser des fossés, en interdire absolument l'entrée aux bestiaux, et diviser son étendue en un certain nombre de coupes, en plaçant un cultivateur au centre de chacune. Ce cultivateur-garde cultivera les pépinières qui seront au milieu des routes, et ce seront surtout les chênes qui seront l'objet de ses soins et des primes qu'il recevra, suivant qu'on l'en jugera digne, d'après la visite annuelle de ses repeuplements.

Les chênes transplantés donnent toujours bien plus de glands que ceux qu'on laisse à la place où ils sont crus (1).

Il faudra bien cinquante gardes pour les 2500 hectares qui seront destinés au chêne. Ils habiteront des enclos où ils pourront avoir des cochons ou des chèvres, mais sous la clause expresse que les porcs ne pourront sortir de la cour de l'enclos, sous aucun prétexte quelconque, ni les chèvres de leurs chalets, où elles seront renfermées et traitées à demeure comme les chèvres du Mont-d'Or, dans les environs de Lyon (2). *Contraria contrariis curantur.* L'abus de la vaine pâture est ce qui a perdu Chambord; la suppression de l'abus pourra seule le rétablir.

(1) Ces glands servent surtout à l'engrais des cochons ; mais c'est une mauvaise méthode que de faire paître ces animaux au pied des arbres. Il ne faut leur donner les glands que dans l'étable, et après les avoir drêchés.

(2) Les chèvres sont considérées comme très dangereuses pour les bois et l'agriculture. Leurs dégâts sont si grands, que le parlement de Grenoble les proscrivit absolument par un arrêt de réglement rendu en 1567. Ce fut alors que l'on conçut le projet de nourrir les chèvres à l'étable, et que cette idée enrichit les villages qui sont à portée de Lyon, sur les collines du Mont-d'Or. Là, existent vingt mille chèvres qui ne peuvent être nuisibles, puisqu'elles ne sauraient sortir de leurs étables, et qui sont au contraire très utiles aux habitants par leur lait, leurs poils, leur fumier, etc. Les comptes rendus des travaux de la société royale d'agriculture de Lyon, donnent à ce sujet des renseignements précieux, et à l'occasion desquels j'ai écrit depuis une lettre où je provoque vivement la propagation de ce genre d'économie, lettre également insérée dans un de ces comptes rendus qui sont très estimés des amis de l'agriculture.

V. *Culture du Chanvre*, *préparant à celle du blé*.

Après la culture du chêne, qui est la plus pressante et la plus importante, mais dont les fruits ne peuvent être que l'ouvrage du temps, la culture du chanvre est celle qui convient le mieux pour donner à Chambord des résultats plus riches et plus promptement fructueux.

Voulons-nous avoir une idée de la grande importance des deux objets dont j'ai l'honneur de vous entretenir? écoutons ce qu'en dit un écrivain anglais! Ce passage est si remarquable que je crois devoir vous le lire.

« Toutes nos fabriques de toile, dit le *Parfait Fermier*, » se plaignent du peu d'empressement qu'ont les fermiers » anglais pour élever des chenevières. La culture du » chanvre exige cependant moins de soins que celle du » lin, et sa filasse se manufacture plus aisément.

» On est toujours tenté de croire que ceux qui sont à » la tête du ministère anglais ne connaissent d'autre ma-» nière de gouverner qu'une aveugle routine. Il est du » moins certain qu'ils paraissent ne donner aucune atten-» tion aux articles d'économie qui sont les plus essentiels » à la sûreté de la nation. Le chêne et le chanvre sont » assurément des objets auxquels le ministère devrait pren-» dre le plus vif intérêt; mais qu'a-t-il fait jusqu'à pré-» sent pour encourager les plantations de chêne et la cul-» ture du chanvre? etc. » (*Voyage Agronomique*, ou » *le Parfait Fermier*, traduit de l'anglais, par M. de Fré-» ville tome 2, in-8°, article du *Chanvre*).

J'abrège la citation; mais il ne tiendra pas à moi que la colonie de Chambord ne donne sur-le-champ un modèle des avantages de cette culture du chanvre, et qu'elle ne parvienne à expédier tous les ans des quantités du meilleur chanvre à ses correspondants établis dans le port de Nantes; comme elle y enverra aussi successivement par la suite des membrures, des planches et du merrain de chêne, séchés et préparés à la manière anglaise.

Le chanvre peut venir tous les ans dans le même sol, s'il est bien cultivé. Le chanvre peut en outre alterner avec le froment. J'ai rassemblé les preuves de ces

deux vérités (1). Le seul obstacle que rencontre l'exten-
sion si désirable de cette opulente culture, c'est la difficulté que présente le rouissage. Mais elle n'aura point à
craindre cet inconvénient dans le domaine de Chambord,
où les chanvres seront rouis avec sécurité dans un bras
du Cosson, dérivé dans ce but formel ; et si bien exposé,
si bien clos de plantation, calculé, en un mot, avec
tant de précision, de sagesse et de prévoyance, qu'il ne
pourra en résulter ni infection, ni danger.

Ces chanvres destinés au service de la marine, doivent
avoir été rouis, et non broyés par des machines. Voilà
pourquoi j'ai dû tenir à créer des routoirs qui ne puissent
pas nuire.

On peut d'avance supputer ce que pourra produire la
culture du chanvre dans les mille ou douze cents hectares qui seront partagés entre les quatre-vingts fermiers
choisis pour exploiter les terres de Chambord.

A chacune des fermes, seront affectées des prairies qui
seront arrosables, et qui centupleront la valeur des mauvais pâtis qu'elles remplaceront. Il n'y aura pour le bétail ni parcours ni vaine pâture. Les bestiaux seront tous
entretenus à l'étable, et les moutons eux-mêmes (1) ne
seront pas exempts de cette mesure qui seule sera la source
des richesses et de l'état prospère de la culture de Chambord. Ceci peut paraître d'abord très extraordinaire ; mais
c'est le pivot sur lequel roulera l'établissement de la colonie agricole, où j'espère qu'on accourra de tous les côtés
de la France.

Je ne m'étendrai pas ici sur la culture de la vigne, qui
est assez mal élevée et fort peu productive dans les environs de Chambord ; le parc offre deux cents hectares de
terrain sec, et au levant, où l'on pourra placer cinquante
vignerons, avec une direction telle que ce vignoble sera

(1) Comme ceci forme l'article le plus intéressant de l'école d'agriculture, j'y ai donné l'attention la plus particulière. Les détails que
j'ai réunis composent, en effet, le premier numéro des pièces que je
place à la suite de ce Mémoire. Je crois que les agriculteurs ne
sauraient trop les méditer. *Voyez*-les, ci-après.

(2) *Voyez*, quant aux moutons, les observations importantes sur
leur éducation, numéro 4 des pièces jointes à ce Mémoire.

exempt de l'anathème lancé par Columelle ; contre les terrains mis en vigne qui ne rapportent pas la quantité de vin, à laquelle est fixé par lui le maximum des bonnes vignes (1).

Cet article qui manque absolument à l'Angleterre et qu'elle est dans le cas d'envier à la France, doit être un des premiers objets à perfectionner dans le grand institut de l'agriculture française. Je me flatte que ce sera l'un des triomphes de notre école.

Enfin il y aura des jardins de deux sortes.

1° Les jardins placés dans les îles qui seront arrosées par les eaux du Cosson ; ce qui occupera pour le moins cent hectares.

2° Les vergers et montreuils, qui seront accolés aux murs de tout le pourtour de Chambord, et qui rendront enfin ces murs extrêmement utiles. On y adaptera des arbres à fruit analogues aux expositions diverses de cette longue enceinte. Ce genre d'industrie devra prospérer à Chambord, si l'on peut en juger d'après les magnifiques espaliers que l'on admire à Blois, et qui sont des vestiges du goût de Gaston d'Orléans, frère de Louis XIII, pour le choix des beaux fruits et le plaisir du jardinage. Cinquante jardiniers pourront y occuper autant d'hectares.

Au surplus, tous les baux seront de vingt-sept ans, avec des clauses propres à stimuler le zèle des fermiers, assurés d'être indemnisés à la fin de leur bail, des améliorations dont on devra leur tenir compte.

Récapitulons maintenant le nombre présumé des familles rustiques dont les ménages doivent être placés avec discernement, et peut-être même au concours, pour l'exploitation de la grande variété des terrains de Chambord.

Cinquante gardes des forêts, cultivateurs de pépinières ;

Soixante ou quatre-vingts fermiers des terrains destinées au chanvre et au blé ; aux légumes, surtout aux féves et aux prés artificiels ;

Cinquante vignerons ;

(1) *Voyez* l'extrait de mes recherches sur le produit des vignes, qui forme le numéro 5 des pièces que je place à la suite de ce Mémoire.

Près de cent jardiniers ;

En tout, plus de trois cents ménages, autorisés à prendre en pension les jeunes gens qui voudront ainsi se former à l'école d'agriculture, et qui seront instruits, dirigés surveillés par les inspecteurs de l'école, suivant le réglement qui sera adopté pour la rendre vraiment utile. Les inspecteurs seront d'anciens professeurs d'histoire naturelle sortis des écoles centrales, et qui se sont offerts à moi, pour venir se fixer près de moi à Chambord, et y diriger l'enseignement rural, par des leçons publiques, et par des cours particuliers.

Tous les bâtiments qui devront recevoir ces ménages seront établis en pisé, sur un plan uniforme, absolument nouveau, et qui démontrera combien l'architecture des campagnes est restée dans l'enfance, pour la santé des hommes, pour le bon état du bétail, pour la confection des engrais, des amendements, etc.

La masse des engrais et des amendements, sera fort augmentée par le résultat continu de ce chauffage économique, composé de charbon pilé, de tan et de sciûre pétris avec la terre glaise, que j'ai dit plus haut devoir être le seul combustible usité dans la colonie de Chambord. Chaque habitant pourra préparer lui-même ces mottes ou ces briquettes inflammables pour l'usage de sa maison, surtout pour les étuves à dessécher tous les produits de la culture susceptibles d'être gardés par ce moyen. Les briquettes brûlées se réduiront en cendres. La calcination convertira ces cendres dans un engrais pulvérulent, le plus propre de tous à être employé sur les blés, les prés et les autres cultures qu'on voudra voir fleurir dans le domaine de Chambord.

Ici, mon plan se trouve d'accord avec l'abbé Rozier, dans la préférence qu'il donne à l'architecture rustique du pisé des Romains.

Les constructions en pisé deviendront très économiques dans un pays dont une terre glutineuse forme constamment le sub-sol.

Le même genre de bàtisse sera également employé pour les logements, les magasins et les boutiques de la ville nouvelle. Il convient en effet de placer dans le cen-

tre d'une école d'agriculture, les établissements de toute
espèce d'industrie propre à faire valoir les diverses productions que l'on retirera du sol Il faudra commencer par des
briqueteries, des tuileries, afin d'avoir les matériaux
successifs des bâtiments à élever. Il faudra des moulins à
piler les écorces des séchoirs, des étuves et des raffine-
ries, etc. Tout cela pourrait effrayer, comme immense,
au premier coup d'œil ; mais les plans convenus avec la
compagnie du commerce de Nantes, sont rédigés de la
manière la plus simple, et la plus lucide. Chaque objet
spécial est distinct et accompagné du calcul des intérêts
qu'on sera sûr de tirer des dépenses, suivant leurs différents
objets. Ainsi je cite par exemple le transport que madame
Chauveau de la Miltière, fera dans le parc de Chambord
de sa manufacture de riz de pommes de terre et de farines de légumes, préparés d'après les conseils de notre
illustre Parmentier. Ce genre d'industrie, dont le succès
est infaillible, doit rapporter vingt-sept pour cent du capital qu'on aura avancé (1). Et il en est de même d'une
foule d'autres idées, qu'il s'agit de réaliser et qui réuniront
leurs efforts fructueux dans la ville placée au centre de la
colonie agricole, que j'ai voulu vous consacrer.

L'abbé Rozier n'a fait entrer dans le projet de son école
que l'instruction des garçons, et il a oublié, mal à propos
à mon avis, celle qu'il faut donner aux filles. Une école
d'agriculture pour les hommes ne suffit pas. Il n'est pas
moins essentiel que les femmes soient élevées dans les
notions et l'amour de ce premier des arts. Je remplirai
cette lacune par l'établissement d'un grand pensionnat
que m ont proposé de former quelques bonnes religieuses,
attristées aujourd'hui de leur désœuvrement, et qui seront charmées de recevoir au prix le plus restreint possibles, les jeunes filles de campagne, même les demoiselles
dont les parents seraient justement désireux de faire de
bonnes ménagères et de respectables compagnes de nos

(1) Cette manufacture était fondée alors sur une découverte, dont
un brevet d'invention avait garanti le secret. Maintenant la chose est
publique, mais pas assez connue. Comme elle pourrait devenir plus
généralement utile, je crois devoir la consigner ici dans le dernier
article des pièces justificatives.

respectables fermiers. Cette innovation dans l'éducation
des femmes rendra très florissant le pensionnat de Chambord.

Quant aux bâtiments qui existent, je les compte pour
peu de chose, en dépit de leur luxe qui ne peut être qu'o-
néreux. Il convient cependant de vous en donner une esquisse.

Le château et la cour intérieure contiennent en superficie trois arpents, un hectare et demi.

Le château est composé au milieu d'un corps de logis
immense, flanqué de quatre grosses tours aux quatre en-
coignures. Ce corps de logis est accompagné de deux autres pavillons terminés par deux autres grosses tours ; la
cour est entourée de bâtimens servant de commun. Cet
énorme édifice a la forme suivante.

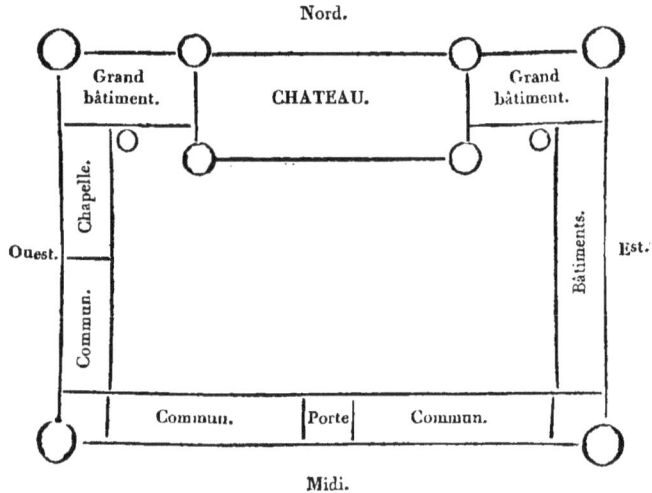

Nord.

Grand bâtiment. CHATEAU. Grand bâtiment.

Chapelle.

Ouest. Bâtiments. Est.

Commun.

Commun. Porte Commun.

Midi.

On assure qu'il y a plus de quatre cents chambres à feu
dans le château et le commun.

Outre ce bâtiment il existe celui des casernes du maréchal de Saxe, contenant en superficie deux arpents y compris trois cours intérieures ; il y a de quoi loger douze
cents chevaux, et des greniers et logements immenses au-
dessus. Il est de la forme suivante , sur le côté du château;

Occident.

BATIMENTS.

| Porte d'entrée au nord | Bâti meuts. | Cour. | Bâti ments. | Cour. | Bâti ments. | Cour. | Bâtiments. | Midi. |

Bâtiments.   Porte   Bâtiments.

Orient.

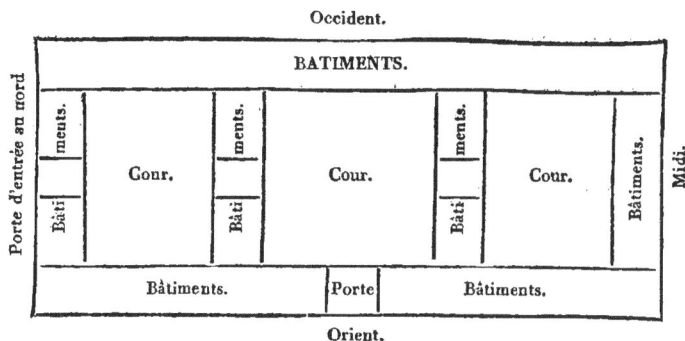

Le château est impérissable ; il y a des réparations à faire, pour plus de deux cent mille francs ; mais ce château ne doit servir que provisoirement à héberger d'abord toute la colonie, qu'il faudra répandre dans tout le parc.

VI. *Étendre l'influence de l'école d'agriculture dans tout le territoire de la république française.*

Le plan détaillé de Chambord, dans l'état où il sera mis, d'après les données ci-dessus, sera d'abord gravé, et publié avec l'annonce ou le programme des travaux de l'exploitation qui devra y être introduite.

Ce sera un volume aussi concis qu'il se pourra, et qui aura pour titre : *Almanach des campagnes, pour la première année du* 19e *siècle, ou Registre annuel de l'agriculture pratique*, contenant des recherches et des expériences sur les meilleurs moyens d'atteindre au triple but d'augmenter le produit des terres, d'en simplifier le travail, et d'améliorer le sol ; avec le plan d'un concours libre entre tous les cultivateurs qui voudront essayer cette méthode de culture, chacun sur son terrain, et en faire connaître les résultats à l'avenir, dans les volumes successifs. Les prix de ce concours seront prélevés tous les ans sur les produits qui sortiront de la colonie agricole établie à Chambord, et seront décernés au jugement de la société libre d'agriculture du département de la Seine.

Le premier volume est tout prêt : la grâce que je vous demande, c'est la permission de vous le dédier par la courte épître suivante.

« J'ai l'honneur d'adresser au premier magistrat de la
» république française le premier *prospectus* de l'*Ecole*
» *d'Agriculture*, que je vais établir, sous son nom et sous
» ses auspices, dans le parc de Chambord.

» Il n'y a rien de si digne des gouverneurs des peu-
» ples que le soin de l'agriculture (1).

» Un des titres de gloire d'Alexandre-le-Grand fut
» d'avoir introduit la culture des terres et l'usage de la
» charrue chez un peuple barbare (2).

» César ne fit que des soldats ; mais quand ils furent
» vétérans, Auguste en fit des laboureurs, et l'histoire
» a éternisé la félicité de son règne.

» Enfin l'antiquité place parmi les plus grands rois ce
» Massinissa, qu'elle vante de s'être si bien adonné au
» grand art de l'agriculture que, par ce seul moyen, le
» royaume de Numidie qu'il avait reçu pauvre, stérile et
» dénué, il le laissa fertile, riche et abondant en toutes
» choses (3).

» C'est à ce sujet qu'un auteur de ce beau pays d'Italie
» s'écrie avec raison : *Questo e un re vero heroe. Esso pro-*
» *curò l'aumento ed il ben essere dei suoi sudditi, e non la*
» *nuda dilatazione del suo nome. In vece di cantare le*
» *lodi d'un conquistatore, quanto più justamente si can-*
» *terrabere quelle di re Massinissa* (4)! Et voilà le pané-
» gyrique auquel vous devez aspirer. Couvert des lauriers
» de la guerre, cherchez une autre gloire, et soyez
» notre Massinissa !

» Soyez-le principalement pour faire le bonheur de l'île
» qui est fière de vous avoir vu naître La Corse est mal-
» heureuse et le sera toujours tant qu'elle sera dévastée
» par les moutons et par les chèvres. Que faut-il pour

(1) *Nihil est tam regale quam agricolationis studium.* Cicero, de Senect.
(2) *Alexander magnus Arachœsios populos agriculturam docuit.* Plut.
(3) Valère Maxime, liv. 8, titre de la Vieillesse.
(4) Voilà un roi vraiment héros ! Il procure l'augmentation et le bien-être de ses sujets. Au lieu de chanter la louange d'un conquérant, combien plus justement se chanteraient celles du roi Massinissa (*Ricordo d'agricoltura* , pag. 5o et 51).

» changer la face de cette île ? nourrir son bétail à l'étable.
» La houlette de Pan doit être remplacée par le soc de
» Cérès. Pan fait des pâtres vagabonds , Cérès est la mère
» des lois. Envoyez donc vos jeunes Corses aux pension-
» nats de Chambord ; on en fera non des bergers errants
» et destructeurs, mais des laboureurs sédentaires; et
» dans peu cette Corse que vous avez trouvée comme la
» Numidie inféconde, et presque sauvage, sera un vrai
» royaume dont vous seul aurez fait la paisible conquête
» au profit de la France. »

Note supplémentaire.

Cet exposé de mes moyens fut écouté d'abord avec
beaucoup d'attention ; mais lorsque je fus arrivé à la description du chateau de Chambord (page lx), quelques
signes d'impatience m'avertirent qu'il était temps de
couper court à mes détails. Je sautai brusquement au
projet de ma dédicace ; mais tout fut inutile. On ne vit dans
Chambord que le château et les casernes, et tout en me
louant beaucoup d'avoir conçu l'idée d'une si grande école,
on décida enfin que Chambord resterait un poste militaire.
Un poste militaire! Ces mots me confondirent. J'avais un
grand respect pour le premier consul, dont le génie
éblouissait tous ceux qui traitaient avec lui; on ne dira
jamais assez combien il était imposant malgré son extrême
jeunesse. Sa tête était certainement hors des proportions
communes. L'éclat de ses triomphes y ajoutait un gran-
diose idéal et démesuré. A cet égard, j'étais sous le charme
plus qu'aucun autre. Cependant je sentais ici, comme
malgré moi, ma raison se révolter contre la sienne ; je ne
pouvais comprendre qu'il voulût sérieusement placer un
poste militaire dans un désert malsain et dominé de toutes
parts. Une foule d'objections se présentaient à mon esprit ;
je me demandais même : Où donc en serions-nous réduits
si le premier guerrier du monde prévoyait que l'on dût
jamais avoir besoin d'aller chercher une retraite, si peu
tenable et si précaire, de l'autre côté de la Loire ? Mais
j'aurais eu mauvaise grâce à combattre l'opinion du vain-
queur de l'Europe. Que disputer à l'homme qui sauvait la

patrie et des discordes intestines et des haines extérieures ?
Dans cette fluctuation de sentiments contradictoires,
écrasé de mes doutes, n'osant les énoncer, désespéré de
voir sacrifier ainsi à ce que je croyais une chimère ou un
prétexte, la seule occasion que l'on eût jamais eue de voir
établir parmi nous, sur une grande échelle, l'institut
polygéorgique, dont la France a toujours manqué, et qui
lui devenait plus nécessaire encore dans le siècle où nous
entrions, je restai frappé de stupeur. Mes larmes allaient
me trahir ; je les dévorai par la crainte qu'on ne les im-
putât à un vil mouvement d'intérêt personnel. Ma conster-
nation ne parut que par mon silence ; et je mis mon plan
dans ma poche.

Un aide-de-camp du consul me fit entendre ensuite que
je m'étais peut-être découragé trop tôt, et que si j'avais
eu l'inspiration de donner à ma colonie agricole une
tournure militaire, flattant ainsi les goûts du maître, j'aurais sauvé du moins une partie de mon projet. On m'eût
donné un grade qui aurait mis mon entreprise sous l'influence médiate du département de la guerre, au lieu que
j'avais cru devoir m'attacher exclusivement à celui de
l'intérieur. Je ne sais pas jusqu'à quel point cette ouverture était fondée, et je n'ai pas été curieux de m'en
éclaircir. Modifier ainsi mon plan, c'eût été le dénatu-
rer. Mon idée était simple ; je voulais former des fermiers,
et je croyais pouvoir diriger convenablement l'école de
Cérès. On ne voulait que des soldats ; j'aurais paru trop
étranger à l'école de Mars. Tiraillé entre deux ministres,
je me serais perdu dans les conflits d'autorité et la discor-
dance des vues. Il fallait donc y renoncer.

Tout ce qui s'est passé depuis, relativement à Chambord, n'est pas de mon sujet ; je ne saurai parler ici que de
ce que je sais et de ce qui a trait à la conception d'un
institut géoponique que j'avais dû me croire au moment
de réaliser. En effet, sur les lieux, au ministère, et au
conseil, tout le monde avait applaudi au fond de ma pensée. Ce que j'avais eu le bonheur de faire en faveur du
commerce, en donnant le premier exemple de l'exposition
publique des produits de notre industrie, le 1er vendémiaire an VII (22 septembre 1798), répondait, disait-on,

du succès de mon autre idée en faveur de l'agriculture. Les primes qui auraient été décernées chaque année à ce premier des arts, dans les comices agricoles tenus avec solennité au château de Chambord, auraient bientôt fait accourir vers ce point, devenu classique, tous les géorgiphiles, et même tous les curieux de la France et de l'étranger. L'émulation des fermiers et des élèves de l'école aurait été toujours croissant suivant la valeur progressive des denrées de tout genre dont ils auraient alimenté les armements du port de Nantes. Dès la seconde année, les bois pour la marine, préparés à l'anglaise; les chanvres taillés à la main, comme dans le Brisgau; les salaisons des porcs, suivant la méthode d'Irlande, etc., etc., auraient produit un mouvement de plus d'un million, et élevé la rente de l'hectare de terre de trente sous jusqu'à cent francs. Voilà la perspective dont se flattaient les vrais amis de la prospérité rurale! Il y a aujourd'hui vingt-cinq ans d'écoulés depuis que cette illusion leur fut tout à coup enlevée par un mot du premier consul. C'était le premier entretien que j'eusse eu en particulier avec ce général depuis son retour de l'Égypte. Je ne le voyais qu'en public, et n'étais point du tout au nombre de ses familiers. Ce qu'il y a de très bizarre, c'est qu'il ne m'a jamais reparlé de Chambord, dans les relations, plus fréquentes et plus intimes, que des circonstances critiques, survenues quelque temps après, m'ont mis, pendant deux ou trois ans, dans le cas d'avoir avec lui. Sa réserve a forcé la mienne, et je n'ai pas même songé à réclamer de sa justice les frais assez considérables dont j'avais fait l'avance pour préparer l'ensemble des distributions nouvelles que les eaux, les bois et les terres auraient dû subir à Chambord, afin de métamorphoser ce cloaque stérile en un modèle de culture et de fécondité. Je n'en ai donc jamais été indemnisé. En plaidant pour le bien public, j'ai perdu mon procès, et j'en ai payé les dépens.

Cependant, m'objectera-t-on, vous n'en avez pas moins loué, et même avec excès, cet homme qui vous avait fait un refus si sensible. Je l'ai loué, sans doute, tant que j'ai cru qu'il devait l'être, dans l'intérêt de la patrie qu'il avait empêché de se déchirer elle-même et d'être démem-

brée par les coalisés. Il s'agissait pour nous d'être ou de
ne pas être. Enfin, nous étions, grâce à lui. Mon mécon-
tentement privé ne pouvait mettre obstacle à une justice
publique ; je ne rétracte point mes éloges, pourvu qu'on
les confronte avec leurs dates et avec les devoirs qui m'é-
taient imposés. Le héros changea ; je me tus ;

Et c'est en se taisant que l'on nous contredit (1).

Je m'écartai de lui ; mais sitôt que sa tête, absolument
perdue, l'entraîna vers l'abîme où il nous a précipités,
je voulus l'arrêter et lui ouvrir les yeux sur le bord de ce
précipice, à la fin de 1813. Il refusa assez durement de
m'entendre. Je sais qu'il s'en est repenti, et qu'il a dit
pour son excuse qu'il n'avait pas voulu m'accorder l'au-
dience que je lui demandais, parcequ'il avait cru que je
venais l'importuner de mes suppliques éternelles au sujet
de l'agriculture. Hélas ! oui, c'est ma passion, et je l'en
avais fatigué. A son égard, voilà ma faute, *et meâ maximâ
culpâ* : aussi n'a-t-il rien fait pour moi. N'ayant point à
rougir d'une telle disgrace, je n'en suis pas moins juste
envers cette grande mémoire. Je crois avoir tracé d'une
manière impartiale, *sine irâ et studio* (2), le compte que
j'avais à rendre de sa décision du mois d'avril 1802, qui
ruina mon plan d'école polygéorgique. Les lecteurs voudront bien se reporter à cette époque, datant d'un quart
de siècle, et juger ces détails comme un récit qui est déja
dans le domaine de l'histoire.

D'ailleurs ce faible écrit peut être, en quelque sorte,
mon testament agronomique. C'est un legs intellectuel
que je fais aux posthumes. Puisse donc s'élever un jour
un ami de l'agriculture qui recueille cet héritage, et qui,
plus fortuné que l'abbé Rozier et moi-même, soit noble-
ment encouragé à le faire valoir dans un local quelconque ! *Exoriare aliquis* (3) !

La France y est intéressée. Il faut que son agriculture
se refonde et s'améliore pour soutenir la concurrence

(1) Vers profond de Pierre Corneille.
(2) Tacite.
(3) Virgile.

avec les Amériques et donner à l'Europe l'exemple d'arrêter ainsi la population, les richesses et la puissance qui tendent à lui échapper. Je l'ai dit dès 1801, et on ne peut trop le redire.

Je n'ai gardé ces souvenirs que comme ceux d'un songe ; mais ce rêve, donné pour tel, peut aujourd'hui, je crois, être rendu public sans inconvénient. Il trouve naturellement sa place dans un livre qui doit offrir en raccourci un abrégé substantiel et un tableau sommaire du grand art de l'agriculture. Puisse le frontispice ne pas paraître indigne de ce monument si utile ! mon vœu sera rempli ; ma devise est ce vers d'Ovide :

Nec nos ambitio , nec nos amor urget habendi (1).

J'ai passé à travers la révolution, et j'ai franchi l'écueil des places sans manquer à cette devise. A plus forte raison, ne dois-je pas y renoncer quand mon âge avancé et mes souffrances continues me répètent sans cesse l'interrogation d'Horace :

Quid brevi fortes jaculamur œvo multa.

Et cependant, vaincu par cette passion d'étudier l'agriculture qui n'a cessé de m'occuper, je ne puis me défendre de ce besoin qui me domine même à soixante-dix-sept ans ; je trace d'une main tremblante ces faibles lignes, consacrées à mon étude favorite ; et en songeant à l'étendue de la vaste science qui constitue l'ensemble et les détails immenses d'un bon système de culture, je tremble comme Columelle, et avec bien plus de raison, de me voir arriver au terme de ma vie, avant d'avoir pu parvenir à une instruction complète sur les connaissances rurales (2).

(1) Je n'ai jamais suivi la triste impulsion,
Ni de la soif du gain , ni de l'ambition.
(2) *Vereor ne supremum ante me dies occupet quàm universam disciplinam juris possim cognoscere.* COLUMELLA , *Préface.*

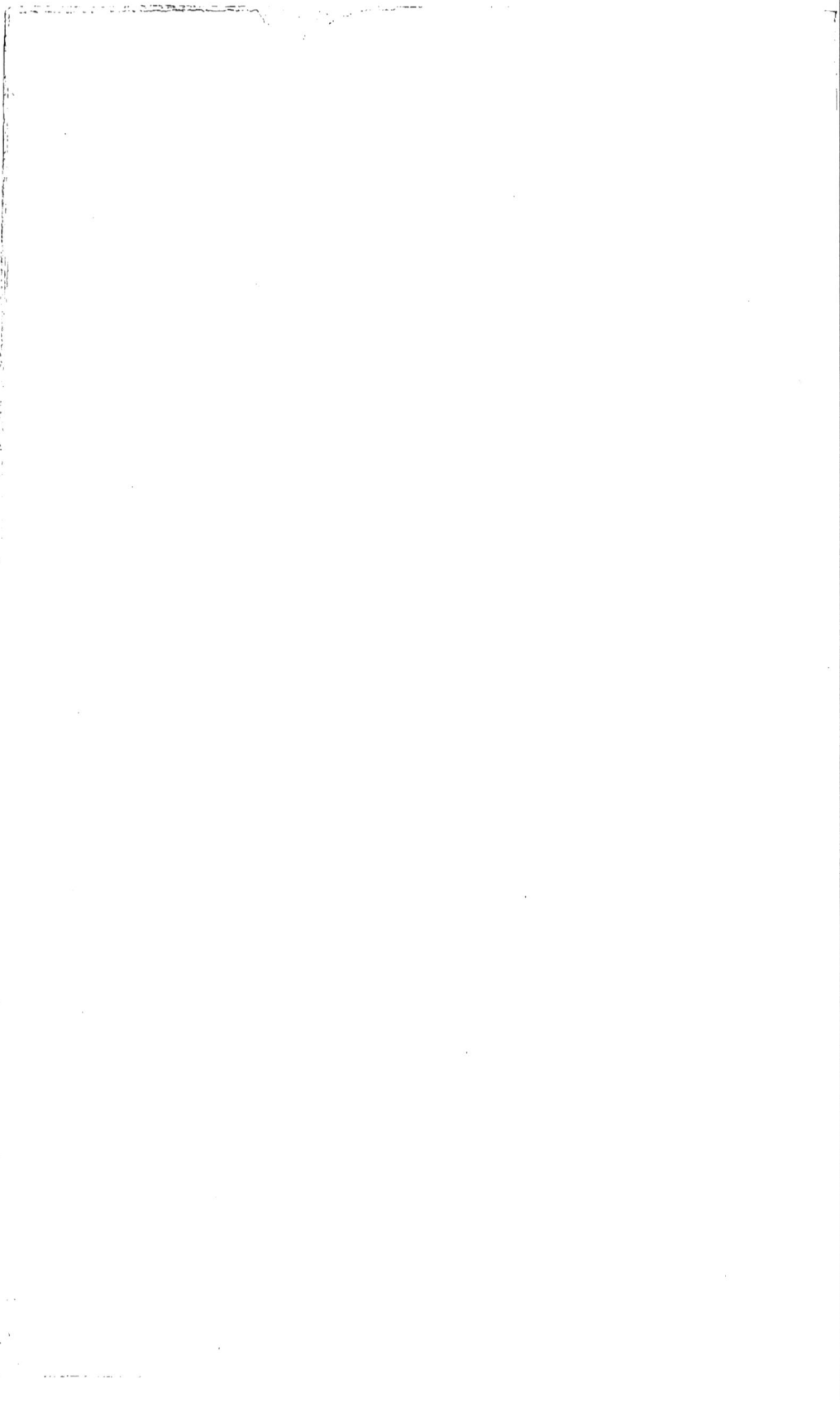

PIECES JUSTIFICATIVES.

EXTRAIT

DES COLLECTIONS AGRONOMIQUES

DE M. LE COMTE FRANÇOIS DE NEUFCHATEAU.

ARTICLE PREMIER.

PIÈCES CONCERNANT L'ASSOLEMENT LE PLUS AVANTAGEUX, FONDÉ SUR LA CULTURE ALTERNATIVE DU CHANVRE ET DES CÉRÉALES, ET CONSTATÉ PAR DES RENSEIGNEMENTS RECUEILLIS AVEC SOIN DANS PLUSIEURS DÉPARTEMENTS DIFFÉRENTS ET ÉLOIGNÉS LES UNS DES AUTRES.

N° Ier *Culture du Chanvre, présentée comme étant la meilleure prépara-*
tion de la terre pour le blé ; instruction rédigée par la Société d'agriculture
de Lyon , et envoyée dans toutes les communes du département du
Rhône.

Le chanvre est une des productions de la terre, de l'usage le plus général et le plus nécessaire : il fournit à la marine ses voiles et ses cordages, et à l'économie rurale et domestique mille diverses choses dont elles ne peuvent se passer; mais il est surtout d'une nécessité indispensable pour le pauvre : moins cher que la laine, et plus solide que le lin, il lui fournit, aux moindres frais, de quoi se vêtir et de quoi entretenir la propreté du corps, si nécessaire à sa santé. On peut encore ajouter qu'il est peu de productions de la terre qui, par une culture bien entendue, soient susceptibles de donner un plus grand bénéfice.

Le chanvre exige une terre douce, substantielle, profonde et fraîche. Il se plaît beaucoup dans les fonds engraissés par le limon des viviers et dans les prés défrichés, après que la couche végétale a été ameublie par quelques récoltes en grains. On a encore observé qu'il est plus fin, et qu'il devient plus haut dans les vallons étroits et humides.

A défaut d'une terre aussi convenable, on peut y suppléer par des engrais. Les meilleurs sont la fiente de pigeon et le crottin des bêtes à laine : une moindre quantité de ceux-là, et surtout du premier, suffit pour produire un grand effet. Tous les autres fumiers peuvent aussi être employés avec succès, ainsi que le terreau et les curures de mares, après qu'elles ont été mises en tas et enhivernées.

Une chenevière étant si nécessaire pour les besoins du ménage, il n'est pas de propriétaire qui ne dût chercher les moyens d'en former une. On serait toujours assuré d'y réussir, en choisissant le lopin de terre qui réunit le plus de qualités nécessaires, en l'effondrant à quatre ou cinq décimètres de profondeur, et en l'engraissant avec le terreau qui se forme sous les paillers et autour des bâtiments. Cette dépense, une fois faite, n'aurait pas besoin d'être renouvelée de long-temps, parceque le chanvre a cela de particulier, qu'il n'exige point une culture alternée. On peut le semer tous les ans avec succès, sur la même terre, en ayant soin de l'entretenir avec quelques engrais.

Pour préparer la chenevière il faut, dans le mois d'août, ou au plus tard avant l'hiver, donner un labour profond avec la charrue, ou mieux encore avec la bêche ou la houe. Au lieu de labourer à plat, il faut relever la terre le plus qu'il se peut, afin qu'elle soit moins exposée à être morfondue par les pluies de l'hiver. Si la terre ve naît à être plombée par les pluies, il serait indispensable de donner un second labour à la fin de l'hiver, et dès aussitôt qu'elle serait assez ressuyée pour ne pas se pétrir ; mais si l'hiver n'a pas été trop contraire, il sera mieux d'attendre, pour donner la seconde façon, le temps où le chanvre doit être semé. On commence par fumer la terre, si elle n'est pas assez riche de son fond pour s'en passer, puis on donne un second labour à plat qui croise le premier ; on dresse le terrain en petites planches bombées de la manière convenable, pour, en se tenant dans la raie, atteindre commodément au milieu, et vaquer aux travaux nécessaires ; puis on l'émotte, et on le sème.

La saison de semer le chanvre varie selon le climat. Dans ce département, où les chaleurs sont hâtives, et souvent très vives dans le mois de mai, il faut saisir les premiers jours d'avril, où le temps commence à être doux ; c'est ordinairement du dix au vingt : il faut encore tâcher de profiter d'un jour brumeux, comme plus favorable à la végétation de la graine.

Le choix de la graine, appelée *chenevis*, mérite une attention particulière ; pour être bonne, il faut qu'elle soit de l'année ; la vieille ne naît point par moitié ; il faut qu'elle soit d'un beau gris foncé, bien pleine et bien luisante.

Il faut un hectolitre de graines pour chaque 15 ares. On la sème à la volée comme le blé ; mais on parcourt quatre fois le terrain. Le chenevis, pour prospérer, doit être semé très dru, afin que les jeunes plantes, couvrant la terre dès leur naissance, conservent son humidité, et que les brins qui ne peuvent gagner de l'espace soient plus fins et deviennent plus hauts. La meilleure manière, au moins si le temps est sec, est de le semer le soir au coucher du soleil, pour ne le couvrir que le lendemain : l'humidité de la nuit le gonfle et le dispose à germer plus vite. Il ne faut point, s'il est possible, le couvrir avec la charrue, qui, quelque précaution qu'on prenne, a le défaut de le trop enterrer ; il vaut mieux le couvrir à la main. On ne doit pas perdre de vue que la perfection serait de ne l'enterrer qu'à deux doigts de profondeur. Dès aussitôt que la semence est couverte, il faut émotter jusqu'à ce que la surface soit bien unie et la terre bien ameublie.

S'il venait à tomber, avant la naissance de la graine, une pluie qui plombât la terre, il ne faudrait pas manquer de se hâter de rompre légèrement avec un râteau la superficie, sans quoi la plante périrait faute de pouvoir percer.

Une autre précaution indispensable, c'est de faire garder la chenevière, ou de la garnir d'épouvantails, jusqu'à ce que le chanvre soit tout-à-fait né, sans quoi les oiseaux de toute espèce, qui en sont très friands, en feraient un grand dégât. Le moment le plus dangereux est celui où il commence à percer ; les oiseaux saisissent la feuille qui se montre, pour avoir la graine, et l'arrachent.

Si parmi le chanvre il vient à naître des herbes étrangères, il faut se hâter de les arracher, car bientôt on ne le pourrait plus, sans endommager les jeunes plantes.

Au bout de trois semaines, ou au plus tard d'un mois, les deux sexes commencent à trier ; le chanvre mâle est celui qui porte la poussière fécondante des étamines ; il prend le dessus, et arrive à sa maturité vers la mi-juillet. On reconnaît qu'il est mûr, lorsque ses fleurs tombent et que son écorce a jauni ; on l'arrache de suite brin à brin ; on en fait des poignées qu'on met sécher au soleil, et puis on le met à rouir.

Le rouissage est une des opérations les plus importantes de la préparation du chanvre. Il a pour objet de dissoudre la gomme qui attache l'écorce à la partie ligneuse, et qui tient unis les filets de l'écorce. Il y a pour cela deux manières : le rouissage à la rosée et le rouissage à l'eau.

Pour faire rouir le chanvre à la rosée, on délie les poignées, et on les étend sur l'herbe, bien clair, et par rangées l'une au-dessous de l'autre : on a le soin de le retourner de temps en temps, pour que la trop grande humidité ne le pourrisse pas, et qu'il se rouisse également. Le chanvre ainsi roui a plus de force, mais il est plus roux et plus difficile à blanchir ; il cause plus d'embarras, puisqu'il faut le retourner souvent ; il est d'ailleurs plus long à rouir, ce qui est un très grand inconvénient, parce-qu'il empêche de profiter des grandes chaleurs pour le teiller ; de plus, cette manière exige des prairies et des rosées abondantes, ce qui la rend peu praticable dans la presque totalité de ce département.

Pour faire rouir le chanvre à l'eau, on en fait des fagots, qu'on met en tas dans les mares, dans les rivières, ou à l'eau courante des ruisseaux ou des fontaines ; on charge les fagots par-dessus pour les faire enfoncer et les tenir sous l'eau. On les laisse ainsi depuis cinq à six jours jusqu'à dix et douze, selon que le temps est plus ou moins favorable, jusqu'à ce qu'enfin l'écorce se sépare facilement de la chenevotte.

Le rouissage dans les mares a cet inconvénient, que l'eau étant stagnante, elle se corrompt et tache la filasse. Le rouissage dans les rivières est de tous le plus expéditif ; mais on a à craindre les crues d'eau, qui souvent emportent le chanvre ou le couvrent de limon. Celui de tous qui réunit le plus d'avantage, est le rouissage à l'eau de fontaine ; il n'y a aucun hasard à courir ; et comme l'eau est courante et claire, la filasse n'est point sujette à se pourrir ni à se tacher. Il suffit de creuser au-dessous de la fontaine, un fossé assez large pour y mettre les fagots en travers, et assez profond pour pouvoir les couvrir d'eau : on peut, pour plus de propreté, mettre au fond une couche de paille de seigle. On plante, de distance en distance, dans la longueur du fossé, des pieux, ayant au bout un croc recourbé ; on arrange les fagots côte à côte sur le lit de paille, puis avec de longues perches qu'on fait passer sous les crocs, on les assujettit pour que l'eau ne puisse point les soulever : on conduit ensuite l'eau dans le fossé ; et, lorsqu'il est plein, on lui ouvre un débouché, pour que sans cesse elle se renouvelle. Si le routoir, ainsi disposé, est de plus exposé au soleil, on peut être assuré que le chanvre sera aussitôt roui que dans les rivières ; et si on a la commodité de conduire, dans un pré, l'eau qui en sort, elle l'engraissera d'une manière très sensible.

Comme le chanvre perd de sa force aussitôt qu'il a assez d'eau, il ne faut pas manquer de le visiter souvent, et de le retirer dès qu'on connaît que l'écorce se sépare facilement de la partie ligneuse. En le sortant, on le lave jusqu'à ce qu'il soit bien net ; on éparpille les poignées en éventail, et on les dresse pour les faire sécher. Aussitôt qu'il est sec, il faut se hâter de le teiller, comme il sera expliqué plus bas.

Le chanvre femelle resté à la chenevière n'est mûr qu'à la mi-août. Il est à son point de maturité, lorsque la tige commence à sécher, que la graine est dure, et qu'elle se détache en la pressant. Il est très essentiel, tant pour la graine que la filasse, de bien saisir le moment ; si la graine était encore laiteuse, elle ne naîtrait pas ; si l'on tardait trop, elle serait sujette à s'égrainer, et la filasse, dans les deux cas, aurait moins de force et une couleur moins brillante.

En arrachant le chanvre femelle, on le met en poignée comme le mâle ; mais pour en détacher la graine, il faut le faire couver. Pour cela on forme une aire qu'on a le soin de bien battre, pour que la graine qui tombe puisse se ramasser facilement. On arrange ensuite les poignées la tête en bas, en commençant par le milieu de l'aire, les disposant en rond, jusqu'à ce que la meule soit finie : on a le soin, à chaque jour, d'arroser légèrement la tête des poignées pour exciter la fermentation. On couvre, avec de la paille, la dernière rangée, et le tout est ensuite recouvert avec de la terre.

Au bout de cinq ou six jours la graine est couvée ; on le reconnaît quand elle sort presque d'elle-même de ses capsules ; on l'égraine de suite, ou au moyen d'un battoir, ou en battant le chanvre contre une barrique.

Il faut avoir le soin de bien nettoyer la graine, de la bien sécher, et même de l'étendre très claire sur un plancher pendant plusieurs mois avant de l'enfermer. Quant aux tiges, après avoir bien nettoyé les têtes de manière à ce qu'il ne reste plus rien des feuilles ni des capsules de la graine, on les met rouir, comme il a été dit précédemment. On a le plus vif intérêt de se presser le plus possible pour être à temps de profiter pour le teiller du vif soleil ; car c'est une extrémité bien malheureuse, d'être obligé de recourir à la chaleur du four pour sécher le chanvre au point nécessaire pour être teillé, à cause de la difficulté qu'il y a de le chauffer, sans s'exposer à l'enflammer. Le danger est tel, qu'un homme de bon sens ne doit jamais laisser employer ce moyen que dans les fours isolés.

Teiller le chanvre, c'est séparer la filasse de la partie ligneuse appelée *chenevotte*, avec un ustensile qu'on nomme *maque* ou *broye*, et qui a la forme de deux mâchoires qui s'engrènent. Il y en a avec des dents, et d'autres sans dents : les premières servent à dégrossir, et les autres à raffiner. Plus le chanvre est fin et sec, plus l'opération est facile. La filasse du chanvre mâle est toujours plus fine et plus longue que celle du chanvre femelle. Quand le chanvre est de belle qualité, avant de le broyer, on retranche avec un couperet les racines, parceque la filasse qui en provient est toujours grossière. On les laisse, au contraire, pour les broyer, lorsque la filasse est destinée à faire des cordes ou de grosses toiles.

Voilà la culture du chanvre; voici un aperçu de ses usages et du profit qu'on en peut tirer.

Outre que le chenevis perpétue l'espèce, il sert encore à faire de l'huile pour la lampe, qui dure plus que toute autre. Tous les oiseaux qu'on nourrit en cage en sont très friands. On s'en sert encore pour disposer à couver les poules et les dindes. On l'emploie aussi avec succès, pour exciter les vaches : pour cet usage on le fait frire, et on le leur mêle avec du son.

La chenevotte sert à faire les allumettes. Elle est aussi très bonne pour chauffer le four. La pluie ne la pénétrant que très difficilement, peu de soin suffit pour la conserver.

Il serait inutile et trop long de dire tout ce à quoi la filasse de chanvre est propre. Tout le monde sait qu'elle est seule bonne pour faire les voiles et les cordages; mais beaucoup ignorent qu'on peut en faire des toiles aussi belles et aussi fines que celles du plus beau lin, et qu'elles ont sur celles-ci l'avantage de durer plus long-temps.

Une chenevière, de quinze ares, d'une bonne qualité, sans être des meilleures, donnera environ deux quintaux métriques de filasse, en l'évaluant 1 franc 50 centimes le kilogramme, le produit serait de 150 francs; ôtant la moitié pour les frais de culture, 1 reste en revenu net 75 francs; produit que bien peu d'autres cultures peuvent égaler.

Il y a de plus cet avantage à cultiver le chanvre, qu'il purge parfaitement la terre du chiendent, qu'il l'ameublit extrêmement, et la dispose à donner, l'année suivante, sans autres frais, qu'un seul labour, la plus belle récolte en froment.

N° II. *Détails sur la culture du Chanvre dans la vallée de Grésivaudan, département de l'Isère, et sur les engrais des immondices et des latrines de Grenoble, qui rendent cette culture extrêmement productive, et qui constituent un assolement dans lequel une ou deux récoltes de chanvre précèdent et favorisent la récolte du blé, puis du trèfle, etc.* Détails recueillis en 1802 et 1803, par M. Berriat Saint-Prix.

§ Ier *Culture du Chanvre.*

Quoique la manière de cultiver le chanvre, ainsi que toutes les autres plantes, varie suivant la nature du sol, la méthode que je vais indiquer, paraît cependant appartenir à presque toute la vallée, et être généralement adoptée par tout ce qu'il y a d'habiles agriculteurs.

Les terres argileuses et sablonneuses, fortes, grasses et un peu humides, telles que celles de la vallée de Grésivaudan, sur la rive gauche de l'Isère, semblent être les plus avantageuses à la culture du chanvre; ce sont aussi ces terres qui produisent la plus grande quantité de celui qu'on récolte dans le département. Pour obtenir une abondante récolte, voici les procédés que l'on suit et qui réussissent presque toujours, lorsque la température est favorable; c'est à dire lorsque la sécheresse n'est pas trop longue, ou les pluies trop abondantes, dans les premiers moments qui suivent la semence.

1° L'on couvre la terre d'engrais à la fin de l'automne ou au commencement de l'hiver, et on laboure lorsqu'on n'a pas à craindre les pluies, qui, en délavant trop le fumier, le priveraient de ses sels, ou en atténueraient la force. C'est généralement à la fin de mars que ce premier labour a lieu; dans le courant d'avril, l'on herse la terre et l'on achève de l'ameublir, en y passant le rouleau. On appelle rouleau, une pièce de bois de 2 mètres de longueur et de 40 à 45 centimètres de diamètre (15 à 16

ation achevée, on fait un second labour.

2° Au commencement d'avril on fait le troisième labour en observant de commencer par les terrains les plus chauds et les plus secs : les terres grasses et humides doivent être labourées les dernières et le plus tard possible. Si trois labours ne suffisent pas, pour donner à la terre le degré de friabilité nécessaire, on en donne quatre et quelquefois cinq, en observant de herser à chaque labour.

3° Après ce labour, on sème la graine à raison de deux myriagrammes et demi, par septerée de 900 toises carrées (37 ar. 68 centiares), dans les terrains humides ; et à raison de trois myriagrammes dans les terres de moindre qualité.

4° Le semis fait, l'on herse et l'on passe de nouveau le rouleau sur la terre, afin de faciliter la germination de la graine, en lui procurant un contact plus parfait avec la terre. Les agriculteurs apportent beaucoup de soin à cette dernière opération, qui donne, aux propriétés de la vallée, un air de propreté que l'on trouve à peine dans les jardins les mieux cultivés.

5° Le chanvre arrive à sa maturité dans le courant d'août. Les signes de cette maturité sont une teinte jaune qui se répand sur l'extrémité de la plante ; et le desséchement du mâle (1).

6° On arrache la plante : comme l'on a soin de faire connaître, dans les cantons voisins, le moment où cette opération doit avoir lieu, la plupart des habitants peu aisés des deux sexes viennent y concourir. Il vient même un grand nombre d'étrangers qu'attire la certitude d'une occupation avantageuse. On leur donne ordinairement la quinzième partie du nombre total des javelles. Ainsi, lorsqu'un terrain a produit trois cents javelles, tant grandes que petites, les ouvriers en ont vingt et quelquefois davantage ; le prix variant en proportion de la récolte.

7° Les bottes ou javelles ont environ six palmes (2 pieds) de circonférence ; leur poids varie comme leur longueur. On les lie avec de jeunes branches de noisetier, de peuplier, d'osier, ou avec de la paille ; c'est la paille qu'il faudrait préférer.

8° Aussitôt que les javelles sont liées, on les transporte dans les *rutoirs*. Ceux de la plaine de Grésivaudan sont très grands et entourés de murs épais. Ils sont creusés de manière que l'eau qui y est introduite puisse avoir un écoulement à l'extrémité opposée. Prenez garde à cette clôture des *rutoirs*.

On place les bottes dans les rutoirs en rangeant alternativement les racines des plantes contre leur sommité, et on les amoncèle ainsi jusqu'à ce qu'elles atteignent à la surface de l'eau. On les empêche de surnager, en les couvrant de planches, qu'on charge de grosses pierres. Les eaux froides sont contraires au rouissage, qui se consomme quelquefois dans trois jours, lorsque la température de l'air et la qualité de l'eau y concourent. Dans le cas contraire, il se prolonge jusqu'à dix et douze jours. On connaît que le chanvre est roui, lorsqu'en froissant dans ses doigts la sommité de la plante, l'on trouve que la filasse se sépare avec facilité de la chenevotte. Cette épreuve est toujours nécessaire, car, si l'on retirait trop tôt le chanvre du rutoir, la filasse resterait adhérente à la chenevotte ; et si on l'y laissait trop long-temps, la fermentation en altérerait la qualité, lui ferait perdre de son poids, on la détruirait entièrement.

9° On retire les bottes du rutoir et on les range en forme de cône les têtes en bas, afin de laisser écouler l'eau dont elles sont imbibées. Une demi-journée y suffit. On les étend ensuite sur une prairie, où on les range de manière à ce qu'elles puissent sécher. Il faut que dans cette situation elles reçoivent deux rosées ; après quoi, on les retourne avec une perche longue et mince, afin que le côté de tiges qui touchait la terre soit exposé à l'air, et reçoive aussi deux rosées. Au bout de ce temps, s'il n'est pas tombé de pluie, elles doivent être sèches : on les réunit alors en bottes d'un

(1) Quoique les cultivateurs le désignent pour la femelle, je n'ai pas cru devoir me conformer à un usage qui donne des idées fausses ; que l'on ne peut rectifier qu'en appliquant aux choses le nom vrai qui leur appartient.

mètre de circonférence environ, on les attache avec les liens qui ont servi avant qu'elles ne fussent placées dans les rutoirs, et on les transporte dans un grenier.

§ II. *Aperçus des produits de cette culture du Chanvre.*

D'après les renseignements les plus précis que j'aie pu me procurer sur la quantité de terres cultivées en chanvre et sur leur produit, il résulte que le département de l'Isère récolte chaque année 4,230,000 kilogrammes de chanvre de diverses qualités, 80,600 quintaux sur 9,200 hectares. Les terres de première classe, et ce sont une partie de celles de la rive gauche de l'Isère, dans la vallée de Grésivaudan, de Vizille, Moirans, Tullins, etc., fournissent 650 kilogrammes par hectare. On en compte environ 1200 hectares cultivés chaque année.

Celles de seconde qualité, au nombre de 1500 hectares, produisent 550 kilogrammes. Et enfin, celles de dernière qualité dans lesquelles on ne récolte pas au-delà de 300 ou 350 kilogrammes, sont au nombre de 3,500 hectares environ.

Sur les 4,230,000 kilogrammes récoltés dans le département, on doit en distraire :

Pour l'usage des habitants, à raison de 26 kilogrammes par famille ce qui fait, pour 83025 familles.. 1,680,666 kil.

Pour cordages propres à l'usage de l'agriculture ou autres, consommés dans le pays..................................... 840,334

Pour la fabrication des toiles de Voiron..................... 850,000

Pour celles de Mens exportées........................... 60,000

Total... 3,431,000 kil.

Je ne comprends pas dans cette consommation les toiles de Grenoble, Crémieu, Saint-Marcelin et autres, parcequ'elles servent presque toutes à l'usage des habitants du pays; je n'y fais pas entrer également les toiles de la Mure qui se fabriquent avec les grosses étoupes de chanvres employés à la fabrication des toiles de Voiron et de Mens.

Les 799,000 kil. restant sont exportés dans le midi, partie brute pour la fabrication des cordages propres à la marine, partie ouvrée ou après avoir subi l'opération du peignage. Chaque 50 kil. ou quintal ainsi exporté fait rentrer dans le département environ 80 fr., y compris le transport, ce qui fait pour 799,000 kil. (15,980 quint.) 1,278,400 fr.

Quoique ce soit à la foire de Beaucaire que se fassent les ventes principales du chanvre ouvré, cependant il n'y a pas de peigneur à Grenoble, Bourgoin, Vizille et autres endroits où se fait le commerce, qui n'en expédie chaque semaine une assez grande quantité pour le midi. Celui qu'on y estime particulièrement est connu sous le nom de quenouilles longues. Elles se vendent beaucoup plus cher, mais coûtent aussi davantage au peigneur, soit parcequ'on ne se sert que du plus beau chanvre, soit parceque l'ouvrier doit le séparer du court, qui perd, par cette opération, une partie de sa valeur.

Les produits de cette culture du chanvre ont donné lieu à un grand commerce de toiles dont les détails recueillis avec le même soin par M. Bériat Saint-Prix ont été consignés dans la bibliothèque commerciale de l'estimable et savant M. Peuchet, an XI; mais ils sont étrangers à l'objet spécial de nos recherches, et nous ne croyons pas devoir les reproduire ici. Maintenant nous devons exposer les moyens par lesquels les cultivateurs de l'Isère sont parvenus à tirer un si grand parti de leurs chanvres. C'est le sujet des paragraphes suivants, dignes d'être médités et suivis dans toutes les villes, auxquelles cette partie de la police de Grenoble est digne de servir d'exemple.

III. *Mémoire sur le* RACLUM , c'est à dire *l'engrais tiré des boues et autres immon-dices des rues de la ville de Grenoble ;* par BERRIAT SAINT-PRIX , professeur de législation à l'école centrale de l'Isère, aujourd'hui à l'École de Droit de Paris.

Les fermiers et cultivateurs de la plaine de Grenoble , dite *les Granges,* ont, depuis un temps immémorial, et en vertu des conventions faites avec la municipalité, le droit exclusif de recueillir les immondices qui se trouvent dans les rues de cette ville ; nous disons le droit exclusif, parcequ'ils peuvent empêcher, par le moyen de leurs syndics, et en recourant à l'autorité municipale, tous autres particuliers, les cultivateurs mêmes résidant hors du territoire de la commune, de recueillir cet engrais (1).

L'origine de cet usage remonte à plusieurs siècles. En effet, un arrêt du parlement de Grenoble, du 6 septembre 1695 (inséré au *Recueil des Edits,* etc., relatifs au Dauphiné, tome 3, Grenoble, Giroud), enjoint aux boutiquiers et propriétaires de nettoyer *journellement,* chacun en droit soi, les rues, de mettre les boues et ordures, et en hiver les glaces et neiges, en un monceau contre leurs murs ; et aux bouviers de la plaine de les enlever chaque jour.... avec défenses aux habitants de la ville de prendre ces boues.

On peut induire de la dernière clause, que l'on commençait à apprécier cet engrais ; et des premières, qu'on était encore loin de le regarder comme aussi avantageux qu'à présent, puisque depuis long-temps les locataires et propriétaires ne s'occupent en aucune manière de l'enlèvement des boues, et ne sont plus assujettis par la police qu'à briser les glaces au moment du dégel, et les rassembler en monceaux, pour que les boueurs puissent les emporter plus facilement.

Cette espèce de privilége, qui dans beaucoup d'autres lieux (2) serait considéré comme une charge très lourde, n'a été accordé aux cultivateurs des *Granges* que sous la condition qu'ils emporteraient hors de la ville les déblais dont ils ne peuvent tirer aucun parti pour l'agriculture, tels que les neiges, les glaces (3) des corps morts, les animaux, etc.

Lorsque le temps du dégel arrive, les propriétaires ou locataires brisent les glaces qui se sont formées vis-à-vis leurs maisons, et ils les amoncèlent. Les fermiers des Granges, sous la surveillance de leurs syndics, sont chargés de les transporter jusqu'au delà des murs, ou jusqu'à l'Isère (où ils les jettent), dans les quartiers voisins de cette rivière.

Les cultivateurs envoient chaque jour, et ordinairement de très grand matin, leurs domestiques, pour recueillir les boues et immondices dans un tombereau plein de litière, soit paille, soit chenevottes, soit fanes de pommes de terre, et attelé d'un cheval. Ce tombereau a environ cinq pieds et demi de longueur sur deux et demi de largeur, et un seulement de hauteur ; mais on a des alonges ou *ampares* qu'on fixe sur les côtés à l'aide de deux charnières, et qu'on peut élever selon l'abondance du *raclun,* jusqu'à trois pieds au-dessus du fond du tombereau. Dans ce dernier cas, il y a un intervalle entre le côté du tombereau et l'ampare ; mais le fumier étant comprimé, ne s'échappe point par cet intervalle.... Si les immondices recueillis ne sont pas mélangés, le tombereau muni des ampares, peut en contenir jusqu'à vingt-cinq quintaux ; mélangés avec la litière, il n'en renferme qu'environ dix quintaux. Au reste, le tombereau est un peu plus large à son extrémité que du côté du brancard , afin qu'en l'abaissant le fumier tombe plus facilement.

---

(1) Il arrive néanmoins très souvent que plusieurs particuliers, sans en avoir le droit, recueillent l'engrais pour le vendre à des cultivateurs. Les habitants des quartiers situés le long de l'Isère , tels que ceux de Saint-Laurent, de la Perrière et du Bœuf, recueillent aussi celui de leurs rues , qui est vendu communément à des bateliers et exporté dans les communes voisines. L'engrais des faubourgs est recueilli directement par les cultivateurs qui y résident.

(2) Dans plusieurs grandes villes on paie très chèrement le nettoyage des rues ; la distance ne serait cependant pas un obstacle à ce qu'on y prît le *raclun,* si l'on savait en tirer parti, puisque des cultivateurs, éloignés de quatre milles de la ville de Grenoble , y envoient leurs domestiques pour le ramasser.

(3) Les glaces ne sont pas toujours inutiles : celles qui se forment vis-à-vis des égouts un peu considérables s'imprègnent de leurs écoulements , ainsi que de l'urine , c'est à dire des éléments les plus actifs du *raclun* ; on les transporte souvent sur les prés, même sur les blés, qu'elles fécondent en se fondant.

Les domestiques parcourent tous les quartiers sans distinction ; ils s'arrêtent ordinairement dans la rue la plus boueuse. Ils en interceptent d'abord le ruisseau, et ils forment une petite mare de l'eau qui s'écoulait (1). Ils étendent ensuite leur litière sur les parties voisines de la rue. Ils entrent dans chaque cour, dont ils font sortir les immondices et les eaux d'égout par les ornières de l'allée ; enfin ils balaient avec soin (2), jusqu'à une assez grande distance, et en se rapprochant de la mare, les boues et immondices, et ils les mêlent à fur et à mesure avec les parties voisines de leur litière. Lorsque toute la litière, ainsi mélangée de boue, est rassemblée près de la mare, ils l'arrosent en tout sens et en la remuant et divisant à chaque instant, ils la placent enfin dans le tombereau.

En se retirant ils traversent d'autres quartiers, où ils recueillent, sans employer la même préparation, les immondices qui se trouvent sur leur passage, et qu'ils jettent avec leur pelle, sur la sommité de la litière.

Il faut, en général, trois heures pour remplir un tombereau. Les fermiers les plus voisins de la ville en font remplir trois dans la même journée et par le même domestique ; les plus éloignés n'en obtiennent que deux. Les seuls instruments qu'on emploie sont une pelle terminée en pointe et deux balais de bois, dont l'un, qui est très serré et très rude, sert à nettoyer la rue et à y recueillir la boue ; et l'autre, qui est très lâche, à rassembler la litière étendue sur le pavé, et à tirer les immondices des cours et allées. Ces balais sont bientôt usés ; leur renouvellement fréquent occasionne une dépense qui est de quelque importance, lorsqu'il s'agit d'évaluer celles qu'occasionne l'engrais (3).

Les opérations que nous venons de décrire sont très simples ; elles exigent toutefois de l'attention, des soins et un certain art. Plusieurs ouvriers en font leur profession habituelle, et s'y perfectionnent assez pour en obtenir un salaire considérable : on en cite qui ont obtenu jusqu'à douze cents francs pour recueillir chaque jour du *raclun*. Ils se nourrissent sur cette somme ; le fermier leur fournissait seulement le cheval, la litière, le tombereau et les autres instruments.

Lorsque le fumier est transporté et vidé dans la cour de la ferme, on y mélange les immondices que nous avons dit qu'on plaçait sur la sommité de la litière. On fait ensuite de cet amas un second mélange par couches alternatives, avec du fumier d'écurie, soit de bœuf, soit de cheval. On le laisse en tas pendant quinze à vingt jours, temps nécessaire pour qu'il se fasse, c'est à dire pour qu'il acquiert les propriétés fécondantes dont il est susceptible.

Les deux espèces d'engrais, ainsi mêlées, se bonifient respectivement. Ce n'est pas qu'on ne puisse employer seul l'engrais tiré des boues et immondices, mais il est en général trop actif. Lorsqu'on s'en sert, en effet, pour la fécondation du blé froment, il le fait presque toujours verser, ou pousser en tuyaux sans graines. Il est moins nuisible au chanvre, et quelquefois on en garnit le fond où l'on cultive cette plante.

L'engrais des immondices craint beaucoup l'évaporation et la dessiccation. En été, lors d'une sécheresse surtout, on l'arrose chaque matin, pendant cinq à six jours, avec de l'eau qui s'écoule d'autres amas de fumier (4). Après quoi, on le laisse mûrir pendant deux semaines.

On attribue l'activité singulière de cet engrais aux balayures de maisons, aux débris des auberges, et principalement à l'urine (5), qu'on a recueillies avec les boues des rues ; la boue seule ne formerait qu'un engrais médiocre. Les rues les plus étroites sont celles où on le trouve de la meilleure qualité. On conçoit que dans les rues très larges et très exposées au vent, l'évaporation doit être plus forte et plus rapide.

Le *raclun* s'emploie sur le chanvre et sur le blé. Dans le premier cas, on couvre la

(1) Dans les temps de sécheresse, on prend de l'eau, soit à la rivière, soit aux fontaines, et l'on arrose la rue, afin de pouvoir y recueillir l'engrais.

(2) Ils nettoient très bien les rues, tandis que les compagnies des boues, dans d'autres villes, n'emportent jamais en entier les immondices.

(3) Un gros fermier des Granges dépense, chaque année, plus de cinquante francs en balais.

(4) Ou d'autre eau à défaut de celle-là. Un des meilleurs cultivateurs des Granges a éprouvé qu'en remuant, dans toute saison, ce fumier, il fermentait avec beaucoup de force, et acquérait de plus grandes propriétés pour la fécondation.

(5) Le sang des animaux est encore regardé comme supérieur à l'urine.

terre d'un pouce et demi à deux pouces de fumier; dans le second, de la moitié seulement, à moins que le sol ne soit mauvais, et alors on en augmente la quantité. En général, il faut dix-huit voitures à quatre bœufs, ou soixante-douze à un fort cheval, pour une septerée de neuf cents toises.

On enterre aussitôt, et sans délai, l'engrais par un labour où l'on effleure à peine le sol, pour que l'engrais ne soit couvert que de deux pouces de terre. Au second labour, on le couvre de deux autres pouces, en tout quatre pouces; c'est ce qu'on appelle *placer l'engrais entre deux terres*. On laboure ensuite, l'on herse, et l'on passe le rouleau jusqu'à ce que la terre soit parfaitement ameublie.

On sème enfin le champ, en observant de diminuer d'un tiers la semence ordinaire, si le sol est très gras.

On emploie, en général, dans la plaine de Grenoble, une quantité de semence qui paraît bien considérable; savoir : deux quartaux, ou quarante livres de graine de chanvre (on en sème même davantage, lorsque la terre n'est pas bien ameublie), et six quartaux ou cent quatre-vingts livres de blé, par septerée de neuf cents toises, équivalant à trente-sept centièmes d'hectare, ou à un peu plus d'un arpent de Paris. Les cultivateurs justifient leur méthode par les dégâts que les limaçons et insectes font dans leurs semailles.

Il nous reste à exposer un des assolements les plus usités des fonds où l'on emploie l'engrais dont nous parlons.

1° On sème, au mois de floréal (fin d'avril), un chanvre qui produit huit quintaux par septerée (1). Si le premier chanvre est très bien venu, on sème en second (2);

2° Au mois de vendémiaire suivant (septembre), on sème (3) un gros blé, dit *grossian*, et au printemps (mars) un trèfle sur blé, à raison de dix livres de semence;

Le blé produit dix à douze (brut) pour un; si la saison est humide, on recueille une petite coupe de trèfle, pesant vingt à vingt-cinq quintaux. Dans le cas contraire, le trèfle ne sert qu'au pâturage, encore n'y envoie-t-on les bestiaux qu'avec modération;

3° On recueille, pendant la troisième année, trois coupes de trèfle. La première pèse trente-six à quarante quintaux; la seconde pèse trente à trente-six quintaux; la troisième, douze à quinze seulement. On estime, en général, qu'une septerée doit produire cette année quatre-vingt-cinq quintaux de trèfle;

4° Ce qui reste du trèfle, après la troisième coupe, s'enterre pour semer un *blé fin*, qui produit sept à huit (brut) pour un. S'il est bien venu, on en sème quelquefois un second. Il faut remarquer que le blé semé après le trèfle, craint beaucoup plus la rouille occasionnée par les brouillards, que le blé semé après le chanvre (4).

Après ces récoltes, l'on engraisse de nouveau la terre, et l'on recommence cet assolement, ou tout autre, toujours sans *jachères*, car cette pratique est heureusement inconnue dans notre plaine.

(1) Y compris la portion donnée aux cinqueneurs ou autres ouvriers qui arrachent la plante, la mettent au routoir, etc. *Voyez* l'Annuaire de l'Isère, an 10, p. 156-163.

(2) Quelquefois jusqu'à quatre sur les sablons de l'Isère. *Voy.* le même Annuaire. Ces sablons sont des terres formées anciennement par des dépôts de l'Isère.

(3) Le chanvre prépare si bien la terre pour le blé (il détruit entièrement toutes les mauvaises herbes), que la première récolte de grain est supérieure à celle qu'on recueille après un engrais et sans chanvre. Un cultivateur a retiré ainsi du grossian, ou *blé d'abondance*, jusqu'à vingt pour un.

(4) Je n'ai trouvé aucune explication satisfaisante de ce phénomène qui est constant. Un cultivateur prétend que la rouille vient non seulement de l'action du soleil sur la plante, mais encore des dispositions de la plante elle-même. Semées après le trèfle, les graminées n'ont pas une base aussi unie; elles sont moins fortifiées et plus inégalement nourries.

RÉCAPITULATION.

Succession de saisons très favorables.	*Succession de saisons moyennes.*
Un engrais, six années, neuf récoltes.	Un engrais, quatre années, six récoltes.
2 chanvres.	1 chanvre.
1 blé grossian.	1 blé grossian.
4 coupes de trèfle.	3 coupes de trèfle.
2 blés fins.	1 blé fin.
9 récoltes.	6 récoltes.

Il est bien entendu qu'une suite de mauvaises saisons diminue beaucoup ces produits.

On cite des cultivateurs qui, dans les *sablons* d'Isère, ont recueilli quatre chanvres, un grossian, quatre coupes de trèfle, et deux blés fins, c'est à dire onze récoltes toutes abondantes, dans huit années, et après un seul engrais bien fait ; mais la septerée, dans ces cantons, s'afferme *cent à cent dix* francs.

Addition en 1807.

Ce mémoire a été rédigé au mois de pluviose an 11, à la demande de M. François de Neufchâteau.

Deux ans après, le mode de recueillement de l'engrais a été changé en vertu d'un arrêté de M. le maire de Grenoble. Il a subi ensuite d'autres changements ; mais les boueurs sont assujettis aux mêmes charges que les fermiers de la plaine, et c'est à ceux-ci qu'ils' vendent l'engrais.

§ IV. *Mémoire sur l'engrais tiré des latrines de la ville de Grenoble*, par BERRIAT SAINT-PRIX, professeur de législation à l'école centrale de l'Isère.

Dans la plupart des pays, la vidange des latrines ou fosses d'aisance est une charge pour les habitants. A Grenoble et dans les environs, elle est un revenu pour les propriétaires de maisons, une ressource pour les fermiers, un moyen puissant de fécondation pour l'agriculture.

On n'en a pas toujours tiré un parti si utile. Les Grenoblois indemnisaient d'abord assez chèrement, comme partout ailleurs, les fermiers qui se chargeaient de ce travail désagréable, pénible et dangereux. Mais à mesure que l'agriculture se perfectionna dans la plaine de Grenoble, ils réduisirent cette espèce de taxe, et enfin en exigèrent à leur tour une, qui d'abord très modique, s'est augmentée progressivement jusqu'à la vingtième partie environ des loyers.

Les perfectionnements de notre agriculture paraissent dater du commencement du dix-huitième siècle. Dans les âges précédents, une partie de la plaine de Grenoble était ravagée par le Drac, une autre partie était couverte de bois, et surtout de marais. On doit au célèbre Les Jiguières les moyens puissants, à l'aide desquels on se préserva des irruptions du torrent, torrent qu'il relégua à l'extrémité de la plaine. L'accroissement successif de la population et celui de l'industrie, qui ont eu lieu depuis, et enfin l'établissement de plusieurs grandes routes sous le règne de Louis XV, ont fait peu à peu disparaitre les bois et les marais (1).

(1) Suivant un des plus éclairés de nos cultivateurs, la pratique suivante a singulièrement contribué à l'amélioration de notre agriculture et à l'accroissement des richesses de notre sol. Lorsqu'un cultivateur prend une ferme, il nomme, avec l'ancien fermier et le propriétaire, des experts qui en examinent toutes les terres. On évalue les engrais qu'elles contiennent, et l'on en tient compte à l'ancien fermier. Tel champ sera, par exemple, fumé pour quatre ans, tel autre pour trois, tel autre pour deux, etc. Tout est évalué,

L'accroissement du territoire agricole exigea une augmentation dans les engrais; on apprit à employer, avec succès, celui des latrines, et dès lors il dut augmenter de valeur.

Suivant le doyen des fermiers de la plaine, le citoyen Bernard qui, à l'âge de quatre-vingts ans, conduit encore sa charrue; les propriétaires des maisons fournissaient aux vidangeurs, il y a soixante-dix ans, la lumière, du vin en abondance, et leur donnaient une étrenne. Aujourd'hui ils exigent, au contraire, depuis sept jusqu'à seize francs par tombereau ou *brancard* (1).

Ces brancards, dans lesquels on recueille les vidanges, sont très grands, et doivent être construits avec beaucoup de solidité. Ils consistent dans une caisse de bois blanc en feuillée, et garnis de fortes trapes de fer à ses angles, et traversés de distance en distance par des barres de fer retenues de chaque côté par des écrous (2). Elle a communément dix pieds et demi de longueur, deux pieds et demi de largeur, et deux pieds trois pouces de hauteur.

Elle est supportée par quatre roues de la grandeur de celles des chars, mais ferrées très fortement.

L'attelage entier coûte six à sept cents francs, et même davantage. Il pèse quinze à vingt quintaux, et lorsque la caisse est pleine (3), cinquante à quatre-vingts quintaux. Il faut alors quatre gros bœufs pour le traîner. On préfère le bœuf au cheval, surtout quand il s'agit de conduire le brancard sur des terres humides. Les chevaux tirent avec moins de constance et d'égalité; ils se rebutent bientôt, lorsqu'ils éprouvent de la résistance ou de l'embarras dans leur marche.

Les réglements de police autorisent la vidange des latrines depuis le 10 brumaire (1er novembre) jusqu'au 10 ventose (1er mars) seulement. Si quelque accident, tel que la perte d'un effet précieux, engage un propriétaire à devancer la première époque, il faut qu'il en obtienne la permission du maire, et le maire ne donne ordinairement l'autorisation qu'en chargeant le pétitionnaire de brûler du vinaigre ou des substances aromatiques pendant la vidange, afin de prévenir les suites qu'aurait l'infection dans des temps de chaleur (4).

On commence rarement les vidanges avant la fin de frimaire (5). Les travaux de la campagne, souvent l'intérêt du vidangeur (6) le déterminent à reculer le plus qu'il peut cette opération.

et l'habitude apprend à faire ces évaluations avec une exactitude suffisante. Lorsque la fin du bail du nouveau fermier approche, il ne s'inquiète point de son sort futur, et la crainte d'être déplacé ne le détourne point des améliorations. Il sait que si les engrais qu'il a fait excèdent en valeur ceux que lui a laissés, à son arrivée, l'ancien fermier, ils lui seront payés Dans les cantons, où l'on ne suit pas cette méthode, deux et trois ans avant l'expiration d'un bail, le fermier épuise, tant qu'il le peut, le sol et ne le fertilise point. Notre méthode devrait être recommandée, peut-être même ordonnée dans le code rural.

(1) A Lille, département du Nord, un tonneau de vidange contient soixante à soixante-dix pots, chacun de 106 pouces cubes (*Voyez* Annales d'agriculture française, an 9, p. 33), en tout 7,420 pouces cubes. Un brancard de Grenoble contient 102,000 pouces cubes, ou 13 à 14 tonneaux de Lille. Le tonneau se vend cinq à six sous. Ainsi, dans la même proportion, le brancard de Grenoble devrait ne coûter qu'environ quatre francs. L'engrais, comme on le voit, a, dans notre ville, une bien plus grande valeur.

Au reste, le prix à Grenoble varie suivant les quartiers. Dans les rues très basses, et sujettes à la filtration des eaux, telles que la rue Neuve, il se vend la moitié moins que dans les rues élevées, telles que les rues Pérollerie, Brocherie, Demably, Vaucanson, Bayard, etc.

(2) Il y a, au fond de la caisse, quatre de ces barres, une sur le devant et une sur le derrière, dans la partie supérieure. On en place, même aujourd'hui, une, perpendiculairement, dans chaque angle. Un grand brancard exige jusqu'à 15 quintaux de fer.

(3) La caisse du brancard contient 40 à 60 quintaux de vidange, suivant que celle-ci est plus ou moins composée de ce que les fermiers nomment le BON, c'est à dire est plus ou moins épaisse. La vidange liquide pèse beaucoup moins que l'autre.

(4) Les fosses de quelques grands établissements modernes sont si petites qu'on est obligé de les vider plusieurs fois dans l'année, même pendant l'été; telles sont celles des casernes de Sainte-Claire. Ces casernes n'existent plus depuis l'an 9; mais ce qu'on vient de dire s'applique toujours aux autres casernes, aux hôpitaux, etc. Il serait nécessaire d'assujettir les adjudicataires aux fumigations dont nous venons de parler.

(5) On prévient les habitants des maisons de l'époque précise de leur vidange; ceux-ci cherchent alors à se préserver de l'odeur ou du moins à en atténuer l'effet sur leurs meubles précieux : il faut, entre autres, envelopper et fermer avec le plus grand soin l'argenterie, sinon elle prend une couleur jaune sale. Les recettes qu'on emploie, à cet égard, sont presque toujours insuffisantes.

(6) Celui qui ne nettoie pas annuellement la même fosse, a intérêt à en reculer le *curage* pour avoir plus de matière On trouve aussi un grand avantage à recueillir la vidange à l'approche du printemps, au moment où l'on peut faire les travaux agricoles aussitôt après l'avoir étendu sur le sol.

Les fermiers font partir leurs brancards à neuf ou dix heures du soir, suivant la distance de la ferme à la ville, où ils doivent arriver à onze heures (1).

Chaque brancard est rempli de litière, soit paille, soit chenevottes, soit *bauche* (2). Il faut quatre hommes pour en faire le service. La litière se jette en tas contre le brancard, du côté de la fosse. Elle aide à atteindre la sommité du brancard, quand les domestiques vont y verser leurs bennes.

Si la localité le permet, on ouvre la fosse un jour à l'avance (3); la vapeur se dissipe en grande partie pendant ce temps.

On se sert d'un seau attaché à l'extrémité d'une perche, pour puiser dans les fosses; on vide le seau dans une grande benne (deux pieds et demi de hauteur sur deux pieds de diamètre), en travers de laquelle est fixée une longue barre; deux manouvriers saisissent les extrémités de la barre, portent la benne au brancard, aussitôt qu'elle est remplie, et la rapportent vide à l'ouverture de la fosse. Pendant cet intervalle, les autres manouvriers remplissent une seconde benne.

Lorsque l'engrais est de telle nature, qu'on ne puisse le recueillir en puisant de l'ouverture extérieure de la fosse (4), un des domestiques est obligé d'y descendre. Là, placé sur les derniers échelons de son échelle, souvent même sur le sol et dans les immondices, il remplit, à l'aide d'une pelle à peu près triangulaire, le seau que ses compagnons retirent avec la perche, et qu'ils vident aussi dans la grande benne. Au bout de quelque temps, d'un quart d'heure, d'une demi-heure au plus, suivant la vigueur ou la constance de l'ouvrier, l'un de ceux-ci le relève, et successivement les autres, jusqu'à ce que la fosse soit entièrement vidée (5).

Dans cette circonstance, l'opération est tout à la fois plus longue, beaucoup plus pénible, et infiniment plus dangereuse. On doit avoir une corde à nœud coulant toute prête, pour la jeter au manouvrier, lorsqu'il se plaint de suffocation; et s'il ne s'en saisit pas, ou s'il ne se la passe pas assez vite sous les aisselles, il faut descendre et s'aider à le tirer de sa position critique (6). On doit également être pourvu de vinaigre (7) qu'on lui fait respirer, aussitôt qu'on l'a sorti et exposé à l'air extérieur.

Plus d'un manouvrier a péri dans cette opération, lorsque les secours n'ont pas été assez prompts. Nous avons vu, il y a vingt ans, trois hommes asphyxiés sans ressource, presqu'au même instant et dans la même fosse en rue Neuve. Les accidents sont plus rares aujourd'hui.

Avant la révolution, les fermiers envoyaient leurs brancards à Grenoble, à l'entrée de la nuit; on les rangeait sur les places publiques, et à onze heures, on les conduisait aux fosses qu'on voulait vider. Mais, dans cet intervalle, les domestiques allaient faire leur repas, et revenaient quelquefois pris de vin. Ils n'avaient plus alors ni toute la force, ni toute la présence d'esprit qui leur sont nécessaires pour un travail aussi dangereux.

Nous avons indiqué l'heure à laquelle on envoie à présent les tombereaux. Les domestiques ne font leur repas qu'à leur retour à la ferme; outre les aliments ordinaires, on leur donne à chacun une bouteille de vin. Les bestiaux sont repus avant le départ et au retour.

Quoique ces précautions sages aient prévenu bien des accidents, il ne faut pas dissimuler qu'il en arrive encore quelquefois, et qu'il serait nécessaire de rectifier les méthodes usitées jusqu'à présent.

(1) On leur ouvre les portes de la ville à cette heure, ainsi qu'à cinq heures du matin, moment où ils doivent tous se retirer.

(2) On préfère la bauche, mais elle est beaucoup plus chère.

(3) Les réglements de police exigent, dans tous les cas, cette ouverture anticipée; mais la construction des fosses en rend souvent l'exécution difficile.

(4) On ne verse point, comme on le fait ailleurs, de l'eau dans les fosses. On craindrait de diminuer l'activité de l'engrais, de réduire la quantité du noz.

(5) On attache tant de prix à l'engrais qu'on oblige les ouvriers à balayer avec soin la fosse, lorsqu'elle est tout-à-fait vidée.

(6) On recommande aux ouvriers d'avoir toujours la corde attachée sous les aisselles; mais, je ne sais par quel misérable préjugé, ils y répugnent presque tous. Il arrive pourtant quelquefois que les forces leur manquent tout à coup et que le secours de la corde leur devient inutile.

(7) On a éprouvé que l'eau-de-vie ne devait point être employée dans ces occasions.

Si l'ouverture des fosses d'aisance était placée dans toutes les maisons de façon qu'on pût, sans péril, la découvrir un jour à l'avance (1), il n'y aurait guère de précautions à ajouter à celles dont on use; mais c'est ce qui n'existe point dans un grand nombre de maisons; il faut donc invoquer ici les lumières que la chimie nous offre.

On trouve, dans les *Annales des Chimistes français*, tom. VI, pag. 86, un rapport où l'on indique plusieurs méthodes employées à Paris, dans la vidange des latrines. Malheureusement, outre qu'elles sont contraires aux intérêts de nos cultivateurs, puisqu'elles prescrivent de délayer les vidanges, ces méthodes sont trop dispendieuses, et surtout trop compliquées pour être mises en usage.

La situation de l'agriculteur, ses habitudes, les limites restreintes de ses connaissances lui donnent de l'éloignement pour tout ce qui est coûteux, embarrassant, scientifique. « Dans le gouvernement rural, disait l'écrivain le plus célèbre du dix-huitième siècle, » celui auquel un génie non moins souple qu'étendu, semble inspirer les vues les plus » heureuses dans les sciences mêmes qui lui sont étrangères, dans le gouvernement rural, » il y a mille inventions plus ingénieuses que profitables; une méthode doit être facile, » pour être d'un usage commun. » Voltaire, *Dictionnaire philosophique*.

Le moyen le plus simple qu'indiquent les auteurs du rapport (pag. 107), et qu'on pratique à Grenoble lors des vidanges difficiles, consiste à jeter dans les fosses une botte de paille (à Grenoble, des chenevottes) allumée, qui en se consumant renouvelle et purifie l'air (2): mais ce moyen est insuffisant ainsi qu'ils le reconnaissent, et il le serait d'autant plus à Grenoble, qu'on n'y délaie point l'engrais, et que lorsque les ouvriers en recueillent avec la pelle, ce qu'ils nomment le *bon*, il se fait de nouvelles émanations de gaz, non moins dangereux que celui qu'on a déjà neutralisé. Il serait digne de l'immortel Guyton-Morveau, dont les découvertes ont conservé la vie à tant d'hommes utiles, soit Français, soit étrangers, de rechercher la méthode facile que nous réclamons. Il faut le demander aujourd'hui à M. Labaraque.

Il faut environ une heure pour remplir un brancard; mais si d'abord des fosses n'est pas aisé, ou si l'on est obligé d'y descendre, ainsi que nous l'avons dit, il faut quelquefois le double, le triple, et le quadruple de ce temps. Quatre hommes en remplissent ordinairement deux, quelquefois trois dans la même nuit, car le nombre des tombereaux est proportionné à la capacité des fosses.

Lorsque le tombereau est rempli, on le couvre de la litière qu'on y enfonce jusqu'à ce qu'elle soit bien mêlée avec les vidanges. Par ce moyen, on empêche celle-ci de verser, lorsqu'on les transporte à la ferme, à travers un chemin ou terrain inégal.

Dès le matin suivant, si le temps le permet, on étend les vidanges sur le fond qu'elles sont destinées à féconder; la neige n'arrête point cette opération, à moins qu'il n'y en ait plus de quatre pouces (3).

On conduit, à cet effet, le brancard attelé de bœufs sur le champ. On en étend la litière mêlée, comme nous l'avons dit, très légèrement sur la superficie. Lorsque l'engrais est découvert, un domestique debout sur le brancard (le dos tourné contre le vent) y puise avec un seau, et arrose, aussi très légèrement, les parties du sol où il peut atteindre; on conduit successivement le brancard sur les autres parties du sol. Lorsqu'il ne reste plus dans le brancard que du bon, on le recueille avec une pelle, et on l'étend avec la même mesure (4).

(1) L'administration pourrait exiger cette disposition dans les constructions nouvelles, etc., ce qui serait encore plus simple, d'après l'avis d'un cultivateur, on devrait creuser la fosse en pente, de manière que la partie la plus profonde fût placée perpendiculairement sous l'ouverture. C'est dans les fosses qui s'enfoncent latéralement, que l'on court le plus de risque.
(2) L'émanation de gaz, qui se fait par les tuyaux et siéges d'aisances, en diminue le méphytisme. On cite une fosse dont le tuyau avait été bouché par une pièce de bois, jetée dans les latrines à l'insu du propriétaire; lorsqu'on leva la pierre qui couvrait la fosse, il s'en échappa une odeur que les ouvriers ne purent supporter; on essaya d'y descendre une lampe pour reconnaître ce qui occasionnait cette odeur. Mais la lumière s'y éteignit constamment, et l'on fut obligé de percer le tuyau pour donner de l'air à la fosse.
(3) Mais la neige délayant l'engrais, nuit un peu à son action fécondante.
(4) On se plaint, à Paris, de l'infection qu'occasionne le voisinage des voiries. On la doit vraisemblablement à l'accumulation des vidanges et des immondices. L'odeur d'une vidange claire se dissipe deux ou trois jours après qu'elle a été répandue sur un sol aéré. Il en faut sans doute davantage pour une vidange épaisse; mais les fermiers n'ont jamais été incommodés de son odeur, qui, au reste, doit avoir moins de force et d'effet pendant l'hiver, temps de sa dissémination.

6

Le degré de dissémination de la litière, et de la vidange ou de l'arrosage, ne peut se connaître que par la pratique, et il se proportionne d'ailleurs à la nature du sol. En général, il faut dix à douze brancards de vidange par septerée. Ainsi, l'achat de l'engrais revient à cinq à six louis par septerée; mais les dépenses considérables que l'extraction de cet engrais exige, augmentent beaucoup cette somme.

Aussitôt qu'on le peut, et dans la quinzaine au plus après l'arrosage, on fait un premier labour pour couvrir l'engrais de deux pouces de terre, et éviter ainsi qu'il ne s'évente (1).

Nous ferons observer, à cette occasion, que les principes de nos cultivateurs sont bien différents de ceux des compagnies qui exploitent les vidanges à Paris. Ces compagnies les déposent dans de grandes fosses, et les font dessécher à l'air, pour les réduire ensuite en une poussière qu'ils nomment *poudrette*, et qu'ils exportent principalement en Normandie.

Lorsque la neige survient dans cet intervalle, on est moins pressé pour le premier labour; elle empêche en effet que l'engrais ne s'évente. Au reste, il faut ajouter qu'en faisant ce labour, on suit la charrue, et l'on pousse avec un trident l'engrais dans le sillon.

Aux mois de ventôse et germinal (mars et avril) on fait trois autres labours, suivant l'usage ordinaire; et l'on suit les assolements indiqués dans le mémoire sur l'engrais des boues et immondices, auquel nous renvoyons, pour les résultats de l'emploi de cet engrais, ou pour les récoltes qu'il fait produire. Il suffit de dire qu'il a, en général, de l'effet pendant quatre à cinq ans (2).

La qualité de la vidange change quelquefois ces résultats à l'avantage de la culture et du sol. Plus l'engrais contenu dans une fosse bien fermée, est ancien (3), plus il a de l'activité et une activité durable. On a vu une terre à chanvre se ressentir, pendant quinze ans, de la vidange d'une fosse qu'on n'avait pas nettoyée depuis vingt à vingt-cinq ans (4). Le fermier qui m'a cité ce fait, était voisin de ce sol, dont les récoltes abondantes excitaient d'autant plus son admiration, peut-être son envie, qu'il avait laissé échapper l'occasion d'en acquérir lui-même le moyen fécondant. Je ne puis m'empêcher de retracer ici les regrets naïfs qu'il m'exprimait dans son langage naturel. » Pendant quinzian, tote le fè que je passavo devant la chenevéri de Piaze, je me mordiain la lainqua d'avè manqua que la cusina. » (Pendant quinze ans, toutes les fois que je passais devant la chenevière de Pierre, je me mordais la langue d'avoir manqué cette cuisine).

L'activité reconnue de cet engrais en a, nous l'avons dit, fait augmenter la valeur : c'est qu'il n'est plus recueilli comme autrefois, par les seuls fermiers du voisinage de Grenoble. On vient aujourd'hui le chercher de tous les villages environnants, même à quatre milles de distance, de Seyssins, de Sassenage, Saint-Robert, Meylan, Domène Eybens, Echirolle.

Ce concours des agriculteurs éloignés, en enchérissant l'engrais, a diminué les ressources des cultivateurs de la plaine de Grenoble. Ils paient des prix de ferme très considérables, et, en général, les engrais annuels qu'ils emploient coûtent plus que leurs prix de ferme. Ils ont été obligés d'user d'industrie pour réduire cette dépense d'engrais, et depuis environ dix ans, ils ont adopté la méthode de l'*écobuage*, ou brûlage des terres, dont ils se trouvent très bien.

(1) On éviterait cet inconvénient, ainsi que celui de la perte du temps, et l'on se procurerait plusieurs avantages réels dans l'emploi des vidanges, si, comme à Lille, on les recueillait dans de grandes citernes voûtées, où on les prendrait à mesure du besoin. Un de nos fermiers, à qui j'ai lu l'article des Annales d'agriculture, relatifs à ces citernes, se propose d'en faire construire une. Une citerne contient 16 à 1800 tonneaux, ou environ 120 de nos brancards.

(2) Il est singulier qu'à Lille (*Voyez* les Annales d'agriculture) on soit obligé de le renouveler chaque année, et même deux fois par année, lorsqu'on perçoit deux récoltes dans la même saison, telles que du blé et ensuite des navets. Il faut, ou qu'on délaie trop cet engrais, ou qu'on n'ait pas encore perfectionné la méthode de son emploi.
Au reste, à Grenoble, ainsi qu'à Lille, on s'en sert avec succès sur les plantes potagères.

(3) Ainsi ces matières ne se dénaturent point par le laps de temps, ainsi que le soupçonne l'auteur de l'article des Annales d'agriculture (p. 39), déjà cité, leur quantité diminue: leur qualité s'améliore.

(4) En général, les fosses se vident à Grenoble tous les deux ans, et tous les trois ans au plus tard. A Lille, elle se vident deux fois par an.

Au surplus, nous ne nous sommes pas contentés de ros propres observations pour les faits exposés dans ce Mémoire et dans celui qui est relatif aux immondices des rues. Nous avons consulté plusieurs agriculteurs instruits; nous citerons, entre autres, les citoyens Bernard, Rochas, Morel, Roux, et surtout le citoyen Rosset-Bressan.

§ V. *Supplément aux Mémoires sur les engrais tirés des immondices et des latrines de la ville de Grenoble.*

Observations sur les secours que les villes prêtent à l'agriculture par leurs engrais.

L'influence heureuse des villes sur la prospérité des campagnes et sur celle de tout le corps social, n'est point un problème pour ceux qui s'occupent d'économie politique. Mais les personnes auxquelles cette science est étrangère la révoquent en doute; elles attribuent même aux villes un effet bien opposé. Suivant beaucoup de moralistes, une grande ville est une sangsue pernicieuse qui pompe tous les sucs nécessaires à la vie d'un état, qui épuise les campagnes, leur enlève les bras dont elles ne peuvent se passer, les prive de la dépense des riches, dépense nécessaire au bien-être de leurs habitants, etc., etc.

Un disciple de Stewart et de Smith peut sourire à de telles maximes, mais la multitude les accueille; elles forment bientôt une opinion générale; et si quelque secousse violente met entre des mains inexpérimentées le gouvernail de l'état, elles lui impriment une direction dont les conséquences fâcheuses se font sentir pendant longtemps.

Un philanthrope instruit désire réconcilier les villes avec les campagnes. Il veut évaluer ce que celles-ci donnent à celles-là, et ce qu'elles en obtiennent en retour; son projet est tout à la fois louable et utile. Il me demande d'essayer ce travail sur la ville de Grenoble; je ferai tous mes efforts pour seconder ses intentions; mais les moyens me manquent pour les remplir autant que je le voudrais. Bien loin de considérer les calculs suivants comme entièrement exacts, je ne les présente que comme des aperçus propres à donner une idée des secours fournis aux campagnes par les villes (1).

La population de la ville de Grenoble s'élève à environ 22,000 habitants, y compris les étrangers et la garnison.

Il est impossible de connaître d'une manière directe la consommation qui se fait à Grenoble; la portion la plus considérable de la nourriture de ses habitants, le blé, n'est assujettie à aucune déclaration; beaucoup de Grenoblois ne s'en pourvoient point au marché; enfin presque tous font eux-mêmes leur pain, et les boulangers ne fournissent en général que les auberges et les maisons opulentes. Il faut donc calculer cette consommation d'après la méthode approximative employée dans les ouvrages d'économie politique.

Moheau, dans ses excellentes Recherches sur la population de la France (liv. I, chap. 5, qu. 8), ouvrage trop peu répandu, estime la consommation annuelle de chaque individu, toute espèce de nourriture étant réduite en grain, à deux setiers de Paris. Nous suivrons cette évaluation (2) qui nous a paru assez approximative, d'après plusieurs observations qu'il est inutile de rappeler.

Le setier de Paris contient 12 boisseaux, ou 15 décalitres 234/1000. Le quartal de Grenoble, mesure dont nous nous sommes servis dans les mémoires précédents, vaut un décalitre 833/1000; huit quartaux et un tiers valent donc 15 décalitres 277/1000, ou à peu de chose près, le setier de Paris.

Le setier de Paris pèse 240 livres et le quartal de Grenoble, 30 livres, poids de cette ville. Ainsi, un setier de Paris pèse à peu près 250 livres, poids de Grenoble. Nous pouvons donc évaluer la consommation annuelle de chaque habitant de Gre-

(1) Ceux qui s'occupent de recherches de statistique, doivent savoir combien elles sont difficiles. J'avoue que lorsque je ne connais pas les éléments dont on s'est servi pour la composition d'un ouvrage de ce genre, lors surtout que l'ouvrage a été fait loin du lieu qu'on veut y décrire, je le range dans une classe peu éloignée de celle des mille et une nuits.
(2) C'est aussi celle de Messance, p. 286. Celle de Lagrange est plus forte.

noble, à 500 livres (ou deux setiers de Paris), ou à seize quartaux et deux tiers, et la consommation totale des 22,000 habitants à 366,666 quartaux, toute espèce de nourriture étant réduite en blé

Passons à présent aux productions que peuvent procurer les engrais tirés de la ville de Grenoble.

On estime qu'on fait chaque jour cent tombereaux de l'engrais des immondices ou *raclun*, en y comprenant l'engrais des quartiers dont les habitants le recueillent eux-mêmes. Il y a environ trois cents jours ouvrables dans l'année; ainsi il sort annuellement de Grenoble, trente mille tombereaux de cet engrais.

S'il ne s'agissait que d'évaluer cet engrais en argent, comme chaque tombereau vaut 3 à 4 fr., on n'aurait pour résultat que 90 à 120 mille fr., mais c'est l'influence de l'engrais sur les productions du sol qu'il faut estimer.

La terre ne rend qu'autant qu'on lui prête. Voilà un des axiomes fondamentaux de l'agriculture, axiome trop méconnu par les partisans du système absurde de la division indéfinie des propriétés. L'on conçoit qu'une terre bien ameublie, à l'aide de la bêche, produira une certaine quantité de grains quoiqu'on ne l'ait pas engraissée. Mais si cette terre n'est pas douée d'une grande fertilité naturelle, et les terres fertiles ne forment peut-être pas la dixième partie de notre sol, il faudra la laisser tous les deux ans en jachères (1). Sous le premier point de vue, dès que les engrais font produire les terres chaque année, on peut dire qu'ils doublent les productions agricoles. Mais comme les productions d'une terre munie d'engrais sont bien supérieures à celles d'une terre où l'on n'en met point, je crois ne pas faire un calcul exagéré en considérant les productions dues à l'engrais comme trois fois plus fortes que celles dues au sol, simplement labouré. Ainsi, en supposant que notre territoire produise cent mille quintaux de grains, on pourrait dire que soixante et quinze mille quintaux sont dus aux engrais dont on l'a fécondé.

Cette proportion a même paru faible à plusieurs agriculteurs que nous avons consultés. L'engrais ' tout, répètent-ils sans cesse.

Nous avons   que dans la plaine de Grenoble on garnissait chaque septerée de 900 toises, de   soixante douze tombereaux d'engrais tiré des immondices; les trente mille tombere.   qu'on recueille à Grenoble, fécondent donc annuellement 416 septe-rées et deux   s, et comme l'action de l'engrais dure au moins quatre années, la fécondation   elle totale s'étend à 1,666 septerées.

Si une   était semée qu'en grain, elle en produirait chaque année 60 à 72 quartaux (2). On peut donc évaluer à 100 ou 120 mille quartaux la production totale de l'assolement, et au moins à 100 mille quartaux, déduction faite de la semence; ainsi, d'après la proportion précédente, l'engrais des immondices procure une production annuelle de soixante et quinze mille quartaux.

Il serait très facile de connaître avec précision la quantité d'engrais qu'on extrait des latrines de Grenoble. Il suffirait que le maire recommandât aux portiers de tenir pendant un hiver la note du nombre de brancards qui entrent par la porte confiée à leur garde (3); mais c'est ce qu'on n'a point fait jusques à présent. Nous sommes donc obligés de recourir à des données plus ou moins approximatives.

Le nombre des habitants est la base qui nous a paru la moins fautive. Plusieurs personnes évaluent le produit des latrines à 3 fr. par individu; d'autres à 2 fr. 50 cent.;

(1) Nous croyons avoir démontré les inconvénients de ce système dans le Cours d'économie politique que nous avons fait à l'école centrale.

(2) Le trèfle qui est produit pendant la troisième année, et le blé fin qu'on récolte pendant la quatrième, sont d'une valeur inférieure au blé *grossian* recueilli pendant la deuxième, mais en revanche la valeur du chanvre cultivé, pendant la première, est bien supérieure à celle du grossian.

Au reste, le trèfle exige divers soins pour en tirer parti. 1° On le remue peu lorsqu'il est encore sur le sol dont on l'a séparé; 2° on le fait sécher plus tôt dans des granges vastes et aérées. A l'aide de ces précautions et autres semblables, on prévient la déperdition de ses sucs. Aussi estime-t-on le trèfle de la première coupe autant que le foin; celui de la seconde coupe vaut un quart moins; celui de la troisième, se dessèche peu: on le mêle avec de la paille, et il forme une excellente nourriture.

(3) On évaluerait ensuite l'engrais recueilli dans les faubourgs, en comparant le nombre de leurs maisons à celui des maisons de la ville, sauf à distraire quelque chose de leur produit, parce que les maisons de la ville sont en général plus grandes.

d'autres à 2 fr. seulement. Choisissons l'évaluation la plus faible, nous aurons pour valeur totale des vidanges, la somme de 44 mille fr. (1). Le prix moyen de chaque brancard étant 12 fr., nous trouvons que Grenoble doit en produire 4,000, et pour moins courir le risque de commettre quelque erreur, nous réduirons cette quantité à 3,500 brancards.

Nous avons vu qu'il fallait dix brancards pour engraisser une septerée. Il y aura donc 350 septerées fécondées partiellement chaque année, et 1,300 en tout, puisque l'engrais féconde pour quatre années. Si nous répétons ensuite les calculs faits à l'occasion de l'engrais des immondices, nous trouverons que celui des latrines procure une production annuelle d'environ 60 mille quartaux de blé; et les deux engrais réunis une production totale de 120 mille quartaux, c'est à dire plus du tiers de ce qui est nécessaire à la consommation de la ville.

Nous n'avons point compté dans ces calculs l'augmentation de valeur que l'engrais procure au sol par l'amélioration; celle des engrais d'écurie qu'il occasionne, par la production des fourrages artificiels à l'aide desquels on entretient un plus grand nombre de bestiaux, etc., etc.

Il faudrait aussi joindre aux deux engrais précédens d'autres engrais qu'on tire de la ville; tels sont le fumier des chevaux de luxe; celui des pigeons et autres animaux domestiques élevés chez les rôtisseurs; les débris des diverses fabriques, les *retailles* du cuir des souliers et des bottes, par exemple, qu'on emploie dans les vignes, etc. etc.

Au reste, nous croyons devoir le répéter, nous ne présentons point ces calculs comme offrant des résultats exacts, mais comme pouvant donner une idée des secours que les villes sont en état de fournir à l'agriculture.

Ces secours sont sans contredit très puissants, et ils sont presque partout négligés, surtout dans les grandes villes comme Paris, où ils offriraient des ressources prodigieuses! loin de chercher à les mettre à profit, on a été si frappé des inconvéniens des vidanges, que des savants du premier mérite ont proposé (*Voyez les Annales de chimie*, au lieu cité) de supprimer les fosses d'aisance, et désiré que les immondices et excrémens fussent emportés par des courants d'eau établis dans les rues (2).

Qu'un agriculteur, qu'un chimiste viennent des rives de la Seine, jeter un coup d'œil sur les récoltes de la vallée de l'Isère; qu'ils comparent avec les productions de leur sol, nos chanvres dont la hauteur est quelquefois de dix à quinze pieds; qu'ils examinent avec scrupule s'il y a un pied carré de terrain qui ne soit pas cultivé, ou en production... peut-être changeront-ils alors d'opinion..... peut-être l'agriculteur cherchera-t-il à se procurer un fermier grenoblois (3), qui saura tirer parti des immondices et vidanges, et qui, au bout de quelques années, quadruplera la valeur de ses domaines... peut-être le chimiste cherchera-t-il les moyens d'ôter l'insalubrité (4) et de prévenir les dangers qui accompagnent le nettoiement des fosses d'aisances, plutôt que de réclamer la suppression de la ressource la plus importante de l'agriculture.

(1) On trouvera peut-être que la production due aux engrais des latrines est bien forte en comparaison de leur prix d'achat. Mais il faut faire entrer en compte les frais que coûte le recueillement de ces engrais.

(2) Nous ne parlerons point ici de la *poudrette*. Outre que les dépôts, dans lesquels on la fait, causent une plus grande infection que notre méthode, il est évident que la dessiccation, à l'aide de laquelle on obtient cet engrais, doit détruire la plus grande et la meilleure partie des vidanges. Ceci était écrit avant la découverte de l'urate, et des fosses mobiles inodores.

(3) Voilà le seul moyen de répandre cette pratique aux environs de Paris; les livres les mieux faits ne sauroient avoir la même influence. Les agriculteurs ne lisent point; ils sont en général assez méfiants; ils tiennent à leur routine... Il faut leur mettre sous les yeux les résultats d'une bonne méthode si l'on veut qu'ils l'adoptent. Il ne serait ni difficile, ni bien coûteux, de procurer, aux environs de Paris, à un cultivateur de l'Isère ou du Nord, une ferme un peu avantageuse, sous la condition qu'il y emploierait l'engrais des latrines. (C'est ce qu'on aurait fait à Chambord.)

(4) On ne s'est jamais plaint à Grenoble que les vidanges altérassent la santé des habitants. Cependant nous l'avons dit, elles s'y font suivant une méthode assez mauvaise, méthode qu'il est très possible de perfectionner.

N. B. Il y aurait encore beaucoup d'expériences à faire sur ce point, qui aurait spécialement occupé les cultivateurs et les professeurs de l'école projetée à Chambord, pour prouver la justesse de cet axiome rural, renfermé dans un vers latin :

Purgamenta urbis ruri lætamina præbent.

NOTICE SUR LA CULTURE ALTERNATIVE DU CHANVRE ET DU BLÉ, DANS LE DÉPARTEMENT
DE LA HAUTE-SAÔNE.

N° III. *Renseignements recueillis en* 1811, *dans le département de la Haute-Saône*, *par* M. MARC, *secrétaire perpétuel de la Société d'agriculture de Vesoul*, *à la demande de* M. le comte FRANÇOIS DE NEUFCHATEAU.

La culture du chanvre n'est pas un objet bien considérable dans ce département ; mais elle pourrait le devenir, parceque le sol lui est très favorable.

Dans l'arrondissement de Gray on récolte, année commune,
de chanvre teillé, sans apprêt . . . . 3,843 quint. mét.
Dans celui de Vesoul 8,362
Dans celui de Lure 8,109

Total . . . . :.. 20,314 quint.

Il s'en faut bien, pourtant, que ce produit suffise à nos besoins. Nous tirons le complément des départements des Vosges, de la Meurthe et du Bas-Rhin.

Cette culture a pris du développement depuis une cinquantaine d'années. Déjà, en 1774, on comptait 1,719 hectares en chenevières, dans les arrondissements de Vesoul et de Lure. Aujourd'hui il y en a 3,590.

On sème le chanvre ou dans des chenevières permanentes, ou dans les jachères. Cette dernière méthode est évidemment la plus favorable aux progrès de l'agriculture, puisque celui qui l'adopte tire un parti extrêmement avantageux des mêmes champs que d'autres laissent infructueusement reposer. C'est, d'ailleurs, prouver par l'exemple que la routine, toujours aveugle, est l'ennemie née des améliorations.

Je connais tel propriétaire qui, ces années dernières, amodiait 90 francs un hectare de terrain dont il tire aujourd'hui 200 francs, pour l'avoir cultivé alternativement en chanvre et en blé, selon la méthode dont il sera question plus bas.

Les chenevières proprement dites sont plus communes chez nous que les chenevières ambulantes ; aussi parlé-je de celles-ci comme d'une innovation récente et utile. On les cultive l'une comme l'autre, si ce n'est que les dernières sont mieux soignées. Vous remarquerez cependant que, dans ces dernières, on fait plus volontiers succéder immédiatement au chanvre des légumes, quand les autres restent en repos. Cela tient, peut-être, à l'industrie et à l'activité du propriétaire antagoniste des jachères.

Mode de culture.

Dans une terre légère, substantielle, bien ameublie, sol qui convient le mieux au chanvre, on donne un labour avant l'hiver, trois au printemps, et on passe chaque fois la herse de fer.

Pour engrais, fumier chaud, dans le dernier labour, et dans une proportion double que pour le blé. C'est le seul qu'on emploie, excepté dans quelques communes à l'est et au nord-est, où l'on mêle, avec ce fumier, de la tourbe émottée, ou des cendres de ce fossile.

Les semailles se font dans le courant de mai. On ne tire point la graine de l'étranger, ni même des chenevières, parcequ'on récolte le chanvre avant la maturité du chenevis. On est dans l'habitude de semer, dans les champs de maïs ou de haricots, quelques graines de chanvre pour semence ; il y vient très bien, d'une hauteur et d'une vigueur extraordinaires ; il favorise même la végétation des haricots, à qui il sert de *tuteur*.

Les particuliers qui se proposent de faire de l'huile réservent pourtant une petite portion de leur chenevière pour cet objet. L'huile de chenevis se vend 12 francs.

5o centimes le décalitre. Il faut cinq décalitres de graine pour en obtenir un décalitre d'huile.

La récolte a lieu dans le mois d'août. On extirpe le chanvre : mais, en même temps, on jette devant soi de la graine de carottes et de raves, puis on herse de nouveau.

Sitôt après la récolte des raves et des carottes, on sème le blé. Il vient parfaitement, sans engrais, sans autre travail que celui de la semaille. C'est ainsi qu'on alterne. Dans les chenevières permanentes, on préfère de remplacer le chanvre par des plantes légumineuses.

Au moyen de cette culture, l'hectare produit en chanvre de deux mètres de longueur, 88 myriagrammes à 7 francs.......................... 616 fr.

DÉPENSE : Quarante-six voitures de fumier attelées de deux bœufs, dont deux voitures sont employées à couvrir superficiellement la terre après les semailles, à 3 francs.................... 138 fr.
Quatre labours, plus un hersage après les semailles....... 138 fr.
A raison de de 17 francs......................... 85
Quarante-quatre décalitres de semence à 2 francs............. 88
Frais de tirage, rouissage et teillage......................... 55

} 366 fr.

   Produit net d'un hectare............................. 250

On réduit ordinairement en filasse, nommée œuvre dans le pays, le chanvre qu'on veut vendre préparé. De 88 myriagrammes on obtient 66 myriagrammes de filasse, à 15 francs. .... 990 fr.
Plus, 10 myriagrammes d'étoupes à 3 francs................. 30

   Produit brut de chanvre préparé.................... 1,020 fr.
Sur quoi on donne pour l'apprêt, à raison de 5 francs par myriagramme pour l'œuvre et 2 francs pour l'étoupe......... ... 350 fr.

   Produit net du chanvre préparé.................... 670 fr.

Reste, après la défalcation des 366 francs de frais de culture.......... 304 fr.

Bénéfice sur le chanvre sans apprêt....................... 54 fr.

Ce bénéfice est plus fort pour le propriétaire qui fait valoir par soi-même, parcequ'il trouve autour de lui des ressources qui diminuent la dépense. Toutefois le cultivateur a encore la récolte des plantes culinaires qui se fait la même année que celle du chanvre ; mais l'année suivante, qui est celle de la sole des blés, ne présente pas, à beaucoup près, les mêmes avantages.

Les pucerons, mais surtout les liserons et le chiendent, sont les ennemis du jeune chanvre. L'engrais et les labours les détruisent : ils conservent au sol son *humus*, et donnent à la hampe du chanvre de la souplesse, tandis qu'elle est dure, et son tissu adhérent quand les engrais et les labours ont été épargnés.

Quant au rouissage, nos laboureurs ne quittent point leur ancienne méthode. Etendre le chanvre sur l'herbe d'un pré ou sur des chaumes, le mouiller de temps en temps et le frotter, tel est l'usage général. Quelques uns, malgré la défense, ont des routoirs où ils font tremper les chenevottes. Cette manière est peut-être préférable ; mais il en résulte tant d'inconvénients qu'elle devrait être sévèrement proscrite par un article du code rural, à moins qu'on ne perfectionne la construction dès routoirs.

J'ai publié, il y a quelques années, un extrait de l'Instruction de M. Bralle, d'Amiens, pour rouir le chanvre en deux heures ; mais je ne sache pas que ni M. Bralle ni moi ayons été écoutés. (*Voyez* l'article suivant, pag. 90.)

A l'égard du teillage, il est des pays où l'on broie la chenevotte avec une machine pour en séparer l'écorce ; ici, on ne se sert que des mains. C'est après les vendanges que se fait cette opération, qui peut être comptée parmi les travaux les plus agréables de la campagne (1).

Ce sont des voyageurs des départements du Puy-de-Dôme ou du Cantal qui viennent, pendant l'hiver, peigner nos chanvres. Ils se disséminent en troupe de dix à douze par village, et passent ainsi le mois de décembre dans nos pays.

On leur livre le chanvre épuré, c'est à dire qu'on le met dans un petit cuvier percé comme ceux des lessives. Il est en *manoques* ou *poupées* (expressions vulgaires qui signifient *lié en poignée*). On emplit le cuvier d'eau, de manière à recouvrir le chanvre; on change cette eau deux fois par jour, jusqu'à ce qu'on ait remarqué que la substance glutineuse, dont le chanvre est saturé, soit bien dissoute; on le passe ensuite à l'eau nette, puis on le fait sécher sur des perches au soleil. On apporte beaucoup de précaution dans ces procédés, à l'effet de ne pas entremêler les brins ni les poignées humides du chanvre. Il acquiert ainsi une grande souplesse, et il est facile à peigner.

CULTURE ALTERNATIVE DU CHANVRE ET DU BLÉ, A VAREDDES, ARRONDISSEMENT DE MEAUX, DÉPARTEMENT DE SEINE-ET-MARNE.

N° IV. *Renseignements recueillis sur les lieux*, en 1811, par M. RAOUL, *Sous-Préfet de Meaux*, *à la prière de* M. le comte FRANÇOIS DE NEUFCHATEAU.

L'industrie des habitants de Vareddes mérite les plus grands éloges. Cette commune, dont la population est d'environ treize cents habitants, tous propriétaires, a un territoire généralement fertile et très bien cultivé. La plus petite portion de terre ne reste jamais inutile; tout est mis à profit, et, dans les terres propres à la culture du chanvre, on ne fait point de jachères.

Les habitants de Vareddes ne se bornent pas à leur territoire pour la culture du chanvre; ils s'étendent à quinze kilomètres de distance de leur commune pour louer des terrains convenables à l'ensemencement du chanvre. Le terrain préparé, pour recevoir la semence, se loue généralement trois francs l'are; la terre non disposée coûte moitié moins. (Notez que 3 francs l'are portent à 300 francs le loyer d'un hectare.)

Les terres grasses et humides sont celles qui conviennent davantage pour le chanvre; cette plante annuelle, des plus utiles, vient avec plus de succès dans les pays froids et tempérés; l'exposition du climat de Vareddes est favorable à cette culture. Une partie du territoire est dans un vallon bas et limitrophe de la rivière de Marne. Quand ces terrains ne sont pas sujets à être inondés, ce sont ceux où le chanvre se plaît le mieux.

C'est à raison des engrais multipliés que les terres à chanvre rapportent une année de blé, une année du chanvre, et toujours ainsi, depuis un temps immémorial.

(1) Comment se fait-il, permettez-moi de vous le faire observer en note, que cette charmante occupation, la plus joyeuse, la plus aimable de la campagne, ait été oubliée par tous nos poëtes georgiques? Tompson, Delille, Saint Lambert, Bernis, Rossel, Castel, Campenon, Duault, etc. J'oubliais Virgile, qui parle plusieurs fois du lin dans son premier livre des Géorgiques, et ne dit pas un mot du chanvre, que Columelle nomme *cannabis*. *Tunc mane transitos tibi torta cannabe sulcos.* N. B. L'observation est très juste, mais non à l'égard de Virgile. Le chanvre n'était presque pas une culture de son temps. Les inscriptions de Gruter nous apprennent que les Romains désignaient cependant par le mot de *cannabetum*, ce que nous nommons *chenevière*. Le chanvre était si rare en France, qu'on a remarqué qu'une reine avait *deux chemises de chanvre* (au quatorzième siècle). Ajoutons aussi, en passant, ce que Duhamel Dumonceau a dit de cette plante, cultivée exprès pour sa graine, comme un supplément curieux à tous ces détails sur le chanvre: « M. Aimen, médecin, à Castillon, ayant près de quarante pieds de chanvre femelle (c'est celui qu'on appelle ordinairement mâle) cultivés, à l'ordinaire, mais qui pouvaient être réputés beaux, il n'en retira qu'une demi-livre de semences. Le plus gros de ces pieds n'avait, auprès des racines, que trois lignes de diamètre. Un seul pied de chanvre femelle, isolé et bien cultivé, lui a fourni sept livres et demie de graine; il était fort branchu, et avait auprès des racines trois pouces de diamètre. Il est vrai que la filasse en est grossière, ligneuse, etc.; mais les laboureurs qui se proposent de recueillir une grande quantité de cette graine pour en faire de l'huile, répandent quelques semences de chenevis de loin en loin; et ces pieds leur fournissent une grande quantité de chenevis beaucoup plus gros et mieux nourri, etc. (*Traité de la culture des terres*, tom. 4, pag. 38.)

L'engrais ordinaire est du fumier consommé de cheval, de vache, etc. ; mais, pour la culture du chanvre, le fumier de pigeon est le plus nécessaire ; les habitants de Vareddes vont en acheter jusqu'à dix myriamètres de leur commune.

La méthode de culture, à Vareddes, est de retourner le chaume de blé au mois de septembre : on passe ensuite la herse.

En novembre, on couvre la terre de fumier de basse-cour, peu de temps après on enfouit le fumier.

Au mois de mars, quand la terre est ressuyée, on herse de nouveau, afin que le terrain soit disposé comme celui d'un jardin ; mais si la terre était chargée d'herbes parasites, on donne un léger labour à la fin de ce mois. On a soin que la terre ne se dessèche point ; on passe la herse et le rouleau à cet effet.

Dans les premiers jours de mai, on donne un labour profond ; on herse la terre de nouveau, pour qu'elle soit unie et mobile. Ces dernières façons terminées, on procède de suite à l'ensemencement du chenevis.

Les habitants de Vareddes, pour ensemencer, se servent de la houe. Ils tracent des rayons comme pour planter des haricots ; ils jonchent le fumier de pigeon en même temps que la graine, puis ils recouvrent le tout de terre à la hauteur de cinq centimètres (deux pouces).

Il est indispensable de faire garder la graine jusqu'à ce qu'elle soit levée. Pendant quinze à vingt jours des enfants veillent les chanvrières pour écarter les pigeons, les moineaux, etc. Cette garde se continue jusqu'à ce que le chanvre ait quatre feuilles bien vertes. L'expérience a fait remarquer aux cultivateurs de Vareddes que, quand les feuilles étaient jaunes, les animaux sus-désignés arrachaient les brins de chanvre, et les laissoient sur le terrain.

Le chanvre lève assez vite, et, dès qu'il est grand, il étouffe toutes les autres herbes qui pourraient croître dans le même terrain, ensorte que cette terre est absolument nette et susceptible de recevoir du blé l'année suivante. Le chanvre est l'ennemi des autres plantes ; semé près des arbres, il nuit à leur végétation, et les a quelquefois fait périr.

J'aurai l'honneur de vous faire une observation. Arrivé à l'époque de la récolte du chanvre, je dois parler des deux genres du chanvre, le mâle et la femelle ; mais les habitants de Vareddes ont d'autres acceptions que les botanistes : ils appellent chanvre mâle ce qui est réellement chanvre femelle, *et vice versâ*. Cette dénomination erronée est reçue par la presque généralité de mes administrés, et j'ai dû vous prévenir que j'allais parler dans le sens vulgaire, que l'instruction devrait pourtant réformer.

A la fin de juillet, on fait le triage du chanvre femelle que l'on arrache brin à brin ; on laisse le mâle pour que la graine parvienne à maturité.

On forme des poignées de deux cents brins environ de chanvre femelle ; on coupe la racine entière et la sommité de la tige.

On expose ces poignées au soleil, pour recevoir le degré de siccité nécessaire ; ce degré est indiqué quand la paille se détache. Plus le chanvre est sec, meilleur il est ; le calorique fait acquérir de la couleur au chanvre.

Dès que ce chanvre est sec, on bat les poignées pour en détacher la paille ; à cet effet on les frappe contre un mur ou sur une table. Ce chanvre, ainsi préparé, est lié par bottes de vingt poignées environ, et resserré dans un endroit sec.

Les habitants de Vareddes ne partagent pas l'opinion de ceux qui estiment que le chanvre doit être roui lorsqu'il est encore vert ; le procédé contraire a toujours été suivi avec succès dans cette commune. (Ceci mérite attention.)

A la fin d'août, le chanvre mâle se récolte, et se met en poignées de la même manière que le chanvre femelle. On se contente de couper la racine de ce chanvre ; on ne touche point à la tige qui renferme la graine.

Pour faire sécher ce chanvre, et faire parvenir la graine à maturité, on fait des tas de quinze poignées que l'on place dans le champ.

Le chanvre mâle se bat ordinairement en plein champ ; la graine et la paille sont recueillies sur des toiles préparées à cet effet.

La graine de chenevis se vanne comme le blé, pour en détacher toutes les parties hétérogènes.

Les habitants de Vareddes emploient la paille du chanvre mâle comme engrais ; ils la répandent sur la terre qui doit être ensemencée en blé ; cet engrais est bon (la paille de chanvre femelle se réduit en poussière , et ne peut être d'aucune utilité).

Pour ensemencer un hectare de chanvre, les cultivateurs de Vareddes emploient quatre hectolitres de chenevis (douze minots environ), et quarante-huit sacs de fumier de pigeon.

A Vareddes , les plus grandes chanvrières ne vont qu'à un hectare (ou deux arpents grande mesure). Cette donnée est absolument conforme au rapport fait à la société royale d'agriculture de Lyon.

Il existe, dans la commune de Vareddes, six ateliers de rouissage public. Ces ateliers s'établissent dans un bras non navigable de la rivière de Marne. Chaque atelier est placé, tous les ans , au même endroit. Il y a trois ou quatre hommes par atelier.

Les propriétaires de chanvre le font porter aux rouisseurs sur le bord de l'eau. Les rouisseurs le prennent en compte et en demeurent responsables. Quand l'opération du routoir est terminée, les rouisseurs rendent le chanvre au même endroit où il a été livré. (Police digne d'être imitée.)

Le prix du rouissage est de 2 francs 50 centimes par cent de bottes. Ce prix est en usage depuis plus d'un siècle , et n'a pas subi l'accroissement du prix de la main-d'œuvre pour d'autres objets.

Le rouissage se fait à deux reprises.

D'abord le chanvre femelle est disposé par bottes de dix poignées chacune. Ces bottes sont attachées aux deux extrémités par des liens de paille. On forme des paquets de quarante bottes que l'on place , à la fin d'août , dans une eau claire et dormante.

Les paquets sont serrés avec des harts d'osier ou de tille , et recouverts de paille ou gerbée.

Pour que ces paquets soient entièrement imprégnés et recouverts d'eau , on les charge de grosses pierres. Au fur et à mesure que les bottes s'imbibent, le poids du paquet augmente , et le résultat serait de le faire aller au fond de l'eau , ce qu'il faut éviter. A cet effet , on diminue le volume de pierres, afin que le chanvre demeure toujours flottant dans l'eau , et n'atteigne point le limon que forme le lit de la rivière.

Lorsque l'eau n'est pas trop froide, l'opération du routoir est terminée en huit jours, autrement il faut dix jours.

Dès que le chanvre est retiré de l'eau , on le dégage de son enveloppe de paille , et on le lave par petites bottes pour l'approprier et le remettre aux propriétaires.

Ces derniers dressent le chanvre dans un champ, poignée par poignée, afin de faciliter la siccité. Aussitôt que les poignées sont sèches, on les réunit par bottes de vingt , et on les rentre dans un local exempt d'humidité.

En second lieu , le rouissage du chanvre mâle s'effectue par les mêmes procédés ; ce second rouissage se fait aussitôt que le premier est terminé. Le chanvre mâle reste toujours dans l'eau deux jours de moins que le chanvre femelle.

On avait transmis, à M. le maire de Vareddes , l'ouvrage de M. Bralle, d'Amiens, en l'invitant à le communiquer à ses concitoyens. Ce fonctionnaire a donné la plus grande publicité aux nouveaux procédés de M. Bralle , pour rouir le chanvre en deux heures: mais ils n'ont pas paru , aux habitants de Vareddes, susceptibles d'être adoptés. Le motif est que 1° ces procédés ne peuvent s'opérer que sur de petites quantités ; 2° qu'ils paraissent trop dispendieux.

La commune de Vareddes fait un grand commerce de chanvre ; et , avec la méthode de M. Bralle, on ne pourrait soumettre à l'opération du routoir en un an , la quantité de chanvre qui est roui en huit jours par les procédés ordinaires.

Au moment où les habitants de Vareddes mettent le chanvre à l'instrument appelé *mâchoire*, cette commune devient aussi bruyante que les ateliers de Vulcain dans l'île de Lemnos. Quatre ou cinq cents de ces instruments sont en activité simultanément, et mus par des bras vigoureux, l'écho retentit au loin du bruit de ces mâchoires appelées *macques*.

Après que le chanvre a été macqué, on le bat à la palette. La poignée de chanvre est suspendue sur une planche. On la frappe avec la palette pour achever de la débarrasser de toutes les parties étrangères.

Ce procédé terminé, le chanvre est en branche; on le vend souvent dans cet état de préparation qui est insuffisante, si le chanvre est destiné à être converti en toile. Dans ce dernier cas, il faut le faire passser plusieurs fois aux serans pour séparer l'étoupe de la partie la plus fine de ce végétal.

CULTURE ALTERNATIAE DU CHANVRE ET DU SEIGLE, USITÉE DE TEMPS IMMÉMORIAL, A BRUYÈRES-LE-CHATEL, CANTON D'ARPAJON, ARRONDISSEMENT DE CORBEIL, DÉPARTEMENT DE SEINE-ET-OISE.

N° V. *Réponses adressées à* M. *le comte* FRANÇOIS DE NEUFCHATEAU, *par* M. CARRÉ, *maire de la commune de Bruyères-le-Châtel, consulté comme organe de la Société d'agriculture de l'arrondissement de Corbeil.*

MONSIEUR LE COMTE,

Vous connaissez mieux que tout autre le charme que procure la continuité des soins que l'on donne à la culture des terres: vous participez depuis très long-temps aux progrès que notre génération a fait éprouver au régime rural; vous sentirez donc combien il est agréable pour un homme des champs comme moi, d'avoir à vous entretenir, pendant un instant, d'un genre de culture remarquable sans doute, et pratiqué avec succès sur le sol de la commune de Bruyères-le-Châtel depuis un temps immémorial.

Avant de constater l'emploi du système de culture alterne dont on vous a donné connaissance, il est nécessaire que je développe les causes qui l'ont inspiré.

Statistique de Bruyères.

La population de ce village se composait en 1820 de 819 individus; elle s'est accrue par les naissances, et le dénombrement fait au mois d'août dernier, a porté à 878 le total des habitants qui appartiennent à 250 chefs de famille, et qui se trouvent logés dans les 109 maisons construites à Bruyères.

Désignation de la position locale.

Le territoire se divise en trois portions différentes. L'une, septentrionale, est formée d'escarpements couverts d'énormes roches et de bois élevés qui protégent et abritent les deux autres; cette superficie inhabitée contient 1559 arpents de 20 pieds pour perche, et appartient à un très petit nombre de propriétaires. La deuxième portion située au sud de ces escarpements, se compose de 957 arpents de terre légère, douce, substantielle, un peu humide, qui est divisée en deux mille parcelles, et fécondée par les aspects favorables du sud, de l'est, et du sud-ouest. La troisième portion contient 268 arpents de prés divisés en 250 parcelles, qu'arrose en serpentant de l'ouest à l'est la petite rivière dite Remarde.

Atmosphère.

L'air purgé par les bois de tous ses gaz dangereux, est très vif et léger; ces bois végétaux-conducteurs attirent sur eux le fluide électrique, divisent les nues, et défendent le village contre les fléaux du ciel.

D'après ces détails, on voit qu'à Bruyères, le peu d'étendue et la subdivision des terres comparées avec la force de la population, sont les causes premières de l'industrie et de l'activité qui ont fait mettre en pratique la culture du chanvre alternée avec celle du seigle et des autres céréales. Il fallait que 878 individus vécussent du produit de leur sol; on sent qu'étant tous agriculteurs, et ne pouvant récolter assez de céréales pour leur consommation; ils ont dû chercher et découvrir dans la nature de ces terres, des moyens de productions insolites, à l'aide desquelles ils pussent se procurer le pain nécessaire et les autres besoins de la vie; ainsi, pendant chaque année, les terrains qui ne sont point semés en céréales, produisent les légumes secs, les chanvres, la betterave, les arbres et arbustes de pépinière, et des graines de toutes espèces; des hommes robustes, actifs, industrieux, jusque dans l'âge le plus avancé, ont su décupler leurs ressources. Il n'y a pas de fermiers à Bruyères; mais on y compte trois cents propriétaires industrieux, qui possèdent 71 chevaux, 154 vaches, à l'aide desquels ils rendent le sol tous les ans productif et libre du besoin des jachères et des guérêts.

On ne parlera pas ici des relations commerciales d'un assez grand nombre d'agriculteurs avec les plus estimables agronomes qui demeurent à Paris, on ne dira rien des achats de graines et d'arbustes qui sont faits annuellement en ce village par MM. Villemorin, Cels, Tollard, Tatin, etc., et qui ont été d'une valeur de 10,000 fr. au moins, il ne doit être question en ce moment que des chanvres et de leur culture.

Cinquante arpents de terre environ sont consacrés à la culture des chanvres, laquelle s'alterne d'année en année avec celle du seigle, du méteil, de l'orge et de l'avoine: dix arpents que l'on appelle *chenevières*, à cause de la qualité du sol, produisent tous les ans un chanvre dont la hauteur excède toujours deux pieds.

L'engrais employé le plus ordinairement est le fumier de vaches; on le transporte sur les terres pendant le mois de février lorsqu'il est bien consommé; et douze voitures à deux colliers, suffisent pour chaque arpent.

On donne un labour de charrue, deux à la bêche, quelquefois un troisième à la houe. Ce travail divise et ameublit la terre, en offrant successivement de nouvelles parties à l'influence atmosphérique.

L'ensemencement a lieu à des époques variées, suivant les températures; car on évite les gelées printannières autant que l'air siccatif du commencement de l'été. On fait en sorte que la graine puisse lever promptement, parceque la qualité et la force du chanvre dépendent beaucoup du plus ou moins d'activité des premiers développements.

En l'année 1817, on eut lieu de faire à Bruyères une expérience fort utile: un orage affreux avait éclaté le 24 juin sur quelques communes voisines; l'eau qui tombait du ciel par torrents avait arraché les feuilles séminales des chanvres qui avaient été semés depuis peu de temps à cause du froid; l'espoir de la moindre récolte était enlevé aux cultivateurs; S. A. R. madame duchesse d'Angoulême daigna m'envoyer dix huit sacs de graines que je m'empressai de distribuer à ceux qui avaient le plus souffert. On employa sur-le-champ cette heureuse ressource; tout fut ensemencé de nouveau le 10 août; et la récolte presqu'aussi abondante que dans les années médiocres fût terminée dans les premiers jours d'octobre.

Les routoirs ou rouissoirs sont placés à quelque distance du village, sur une ligne perpendiculaire aux habitations qui sont disposées de l'est à l'ouest: cette situation met les villageois à l'abri des exhalaisons fébrifères qui émanent des fosses; les vents équinoxiaux soufflant le plus souvent de l'ouest et du sud-ouest, dissipent ces miasmes et les portent au loin.

L'eau qui remplit les fosses vient de sources; elle coule toujours à sa surface pour vider le trop plein, tandis que son fond reste en stagnation sur le chanvre qu'elle baigne sans discontinuité pendant huit à douze jours.

La préparation du chanvre est la même que celle employée habituellement; si ce n'est que l'on frotte fortement sur une planche de bois dur et crénelé, placée horizontalement, la filasse qui a déjà été sérancée sur les grandes dents et qui ne l'a pas encore été sur les petites: cette opération la rend plus souple et plus facile à être filée.

Les produits de la culture du chanvre alternée d'année en année avec celle des céréales sont de cinq cents livres de filasse en branche, terme moyen, par arpent; elle se vend en cet état 40 cent. la livre; lorsque les dernières façons lui ont été

données, elle se trouve réduite à moitié de ce poids, mais alors elle vaut 1 fr. 10 c.
la livre; on recueille trente deux boisseaux de graines par arpent; il en faut douze
pour l'ensemencement, on les vend 1 fr. 20 cent. chaque.

Ainsi, le résumé du produit d'un arpent de chanvre, frais de culture mis à part, est
de   250 livres de filasse habillée à... 1 fr. 10 c. l'une........ 275 fr. 00 c.
        20 boisseaux de graines   à... 1   20   l'un......... 24   00

Total du produit en argent....... 299 fr. 00 c.

Le seigle que l'on sème l'année suivante n'exige qu'un seul labour
à charrue, ou un binage à la houe, et aucun engrais. On emploie huit
boisseaux de ce grain pour un arpent, mais cette terre qui aurait produit huit sacs si elle eût été laissée pendant un an en jachère, n'en
donne que six après la culture du chanvre; ils se vendent 15 fr., ce
qui fait 90 fr., ci...................................... 90   00

Total du produit en argent des deux années..... 389 fr. 00 c.

Le terme moyen du produit d'un arpent de terre cultivé en chanvre et en seigle
en alternant continuellement ce genre de culture, ainsi qu'on le fait à Bruyères-le-
Châtel depuis un temps immémorial, est donc par chaque année de 194 fr. 50 cent.

On fait observer ici, relativement aux engrais, qu'il serait nécessaire de fumer la
terre pour l'année qui doit produire le seigle ou d'autres céréales, si les fumiers
n'étaient pas très consommés; parceque'alors les pailles auraient le temps d'être
pourries avant l'ensemencement du chanvre qui dans ce cas ne doit pas être fumé.

J'aurais voulu que la commune de Bruyères eût pu profiter des résultats de l'expérience faite à Caillonel par M. Dupassage; j'ai fait usage de la graine du chanvre du
Piémont sur des terres de médiocre qualité et peu fumées; tous les soins que j'ai pris
tant pour la conservation de la graine, que pour sa culture, n'ont pu empêcher que
ce chanvre ne s'acclimatât et ne devint passible de toutes les dépenses qu'exige le
chanvre de France auquel il devient tout-à-fait semblable.

Celui d'entre les habitants de Bruyères qui cultive avec le plus de soin et de
méthode les graines, les betteraves, le chanvre, et les arbres des pépinières, est
M. Quest, ancien élève de Saint-Cyr, ancien officier d'infanterie: il joint à la connaissance pratique de sa profession, une excellente théorie qui est le résultat de la
lecture et de l'application; il s'occupe en ce moment d'un nombreux semis de pins
Larricio.

En vain ai-je fait tous mes efforts pour introduire l'usage du mécanisme qui devait
faire éviter le travail du rouissage; la routine a prévalu parceque les difficultés présentées par l'innovation et quelques mauvais résultats ont trop fatigué la première
bonne volonté.

La société d'agriculture de Corbeil (4e arrondissement du département de Seine
et Oise), aurait infailliblement répondu d'une manière plus savante aux lettres que
vous avez pris la peine de m'adresser les 22 septembre dernier et 13 de ce mois,
mais aucun de ses membres n'aurait éprouvé plus vivement que moi le désir de satis-
faire à toutes vos questions par des réponses claires et précises.

NUMERO II.

MODÈLE AUTHENTIQUE DE LA MANIÈRE DONT LA LÉGISLATION PEUT REMÉDIER AUX INCONVÉNIENTS DE LA DIVISION ET DU MORCELLEMENT DES TERRES, EN SANCTIONNANT LE VŒU DES HABITANTS ET DES COMMUNES, POUR UN NOUVEAU PARTAGE ET UNE DISTRIBUTION PLUS RÉGULIÈRE DES PROPRIÉTÉS RURALES..

Loi que j'ai démontré devoir faire partie du Code rural, *dans mes* Voyages Agronomiques à Dijon, *lus à la société d'agriculture, et qui se trouvent chez madame Iluzard, rue de l'Eperon, n° 7, à Paris.*

Lettres-patentes sur arrêt, portant confirmation de division et partage de terrains de la communauté de Roville, en Lorraine, du 7 mai 1771.

Louis, par la grâce de Dieu, roi de France et de Navarre, à nos amés et féaux les gens tenant notre cour souveraine de Lorraine et Barrois à Nancy, et tous autres nos officiers et justiciers qu'il appartiendra, salut. Nous étant fait représenter en notre conseil les délibérations prises par la communauté de Roville, sise dans notre duché de Lorraine, les 3 décembre 1768 et 20 décembre 1769, ensemble le procès-verbal fait et signé le 1er octobre 1770, la carte faite en conséquence, lesquels actes et carte ont été signés et adoptés par les maire, syndic et habitants de ladite communauté; par notre amé et féal le sieur Antoine de Chaumont de la Galaisière, en qualité de seigneur dudit Roville; par François Dijon, en qualité de curé; Trottin, prévôt, en sa qualité de procureur fondé, nommé à cet effet par le chapitre des dames de Bouxières, comparant par Louis-Antoine Frédéric, admodiateur dudit chapitre, demeurant à Mangonville; sœur Marie de Jésus Enriot, supérieure; sœur Félicité Piconot, vicaire; sœur Félicité Maurice, procureuse, et comparantes pour leur maison des dames de Sainte-Elisabeth, établies à Ornes; Sébastien Ebrard, procureur fondé pour la confrérie de la conception; Claude François Gouzot, avocat, et représentant le titulaire de la chapelle Pied-de-Bois, comparant par Joseph Gerard, fermier; Joseph Maillard, chapelain de la chapelle de Saint-Gérard, comparant son fermier; Nicolas Thiébaut, comparant par Louis-Antoine Frédéric; Quæury, prévôt, et Sébastien Jaquinet, bourgeois, directeur et receveur de l'hôpital de Bayon, y demeurant, comparant en cette qualité; François-Bernardin Zens, en sa qualité de gardien du couvent des Tiercelins de Bayon; Charles-François-Xavier Quenin-Amiens, maître de poste; Drouot, abbé; le sieur Lefèvre de Montjoye, maître des comptes à Nancy; le sieur Georges, avocat à Bayon; Nicolas Renard; Marguerite Remy, veuve de Jacques Renard, tant de son chef, que de défunt Jacques Renard; Dominique et Georges les Petitdidier, de Mangonville; Louis Petitdidier de Mangonville: François Remi de Mangonville; Georges Gerard et François Humbert; Jean Dologne; Nicolas Duval, bourgeois de Bayon; François Cœur, habitant de Chamagne; Louis Pauly, comparant, tant de son chef qu'en qualité de tuteur de Joseph Pauly, mineur, en conséquence de l'autorisation du juge tutélaire de la juridiction, du 31 janvier 1771: François Philippe, vigneron; Joseph Duval, le jeune, tailleur; Nicolas et Léopold Remy, et Anne Pêcheur, chacun en leur nom; Anne Bigeon, Pierre Collin, Martin Joly, François Remy, François Barbier, Jeanne Renault, veuve de Louis Thiébaut, en qualité de tutrice de ses enfants mineurs, comparant tant de son chef, qu'en qualité de mère et tutrice auxdits enfants mineurs, en conséquence de l'autorisation du juge tutélaire de la juridiction, du 31 janvier 1771; Sébastien Evrard, comparant tant de son chef qu'en qualité de tuteur de ses enfants mineurs, en vertu de l'autorisation dudit juge tutélaire, du 31 janvier 1771; Marguerite Moreau, veuve de défunt Masson de la Neuveville, tant de son chef, que se portant fort des héritiers dudit défunt Masson, son mari, Nicolas Lartois, Jean Joly, Antoine Renard, Joseph Cholet, Nicolas Petitbled, Anne Villaume, veuve de défunt Charles Sorel, en son nom, Nicolas Villaume, Louis Pauly de la Neuveville, Sébastien Pauly d'Affrancourt, Jean Ducros d'Ormes, Etienne Pauly de la Neuveville, Louis Pauly de Roville, Antoine Duval, Pierre Lartois, Joseph Removille, François Denis de la Neuveville, Charles Gueslin, Etienne Masson de la Neuveville, et le sieur Lefévre de Nancy, comparant par le nommé Bagard son fermier; tous habitants, laboureurs, artisans et manœuvres, composant et représentant le corps de la communauté de Roville, dépendante du comté de Neuviller; les mêmes habitants en leur particulier, comme propriétaires de maisons, terres, prés, jardins, vignes, chenevières et autres héritages de toute nature, et encore comme laboureurs et cultivateurs du ban dudit lieu, ensemble les portériens, propriétaires et forains du même ban; nous aurions reconnu, avec toutes les parties intéressées, que la division à l'infini, et la dispersion des héritages qui composent ledit ban de la communauté de Roville, portent un préjudice sensible à l'agriculture, la plus grande partie des fonds se trouvant réduite par les partages à une si mince consistance, qu'ils ne valent plus la peine d'être cultivés; que d'ailleurs le grand éloignement où les champs appartenant aux propriétaires sont l'un de l'autre, ne permet pas d'y apporter les engrais nécessaires; que de ce mélange de propriétés naissent la facilité des usurpations qui produisent des procès sans nombre, et l'impossibilité de pénétrer à un champ, sans passer sur les fonds d'un grand nombre de propriétaires; la faculté de ruiner les héritages voisins par la direction des eaux que chaque cultivateur donne à son gré; la multiplicité des chemins tortueux qui s'élargissent à mesure que le séjour des eaux les rend impraticables, et qui occupent une quantité de terrain considérable; que la culture donnée indifféremment en tout sens, et le défaut d'observation des pentes dans la direction des sillons, produisent des ravins sans nombre, et rendent infertiles, par le défaut d'écoulement des eaux privées, des contrées entières qui seraient le plus susceptibles de productions abondantes. Frappés de cette multitude d'inconvénients, les syndics, habitants, propriétaires, et autres ayant droit dans cette communauté, ont senti tout l'avantage du plan que le sieur de la Galaisière, seigneur dudit Roville, leur a proposé pour y remédier, et en ont adopté les dispositions qui consistent :

1° En procédant à une nouvelle distribution des terres du ban, à livrer à chaque propriétaire, suivant ses titres, tous les fonds épars qu'il possède sur ledit ban, en un seul lot, dans chacune des contrées qu'il est nécessaire de différencier, attendu les diverses natures de terrain ;

2o A fixer le sens dans lequel chaque contrée sera à jamais cultivée, relativement aux pentes et à la direction des eaux ;

3o A tracer, pour la culture et l'enlèvement des récoltes, des chemins en ligne droite, au moyen desquels chaque champ se trouvera aboutir sur un chemin ;

4° A fixer la largeur qu'un champ aura à perpétuité entre deux sillons, qui a été réglée pour le ban de Roville, de l'avis des laboureurs et du consentement de tous les délibérants, à trois toises, mesure de Lorraine.

Cette opération faite en conséquence de la demande qu'ils avaient faite par leur délibération du 3 décembre 1768, commencée sous la direction du sieur de la Galaisière, par Tixerand, arpenteur géomètre, terminée par Martin, et consignée dans la carte levée à cet effet par Mougeot, arpenteur, présente des avantages qu'il n'est pas possible d'apprécier. Les bornes des propriétés fixes et immuables, préviendront toutes usurpations et procès en matière réelle; le titre de chaque particulier sera un titre commun à tous les propriétaires dudit ban; chaque propriétaire tirera une fois plus de produit de ses possessions éparses; les pentes des eaux observées, au lieu de nuisibles qu'elles étaient, rendront ces eaux profitables; les chemins pratiqués en droite ligne offriront à chaque propriétaire un débouché sûr et facile pour son champ, indépendant du propriétaire voisin, et qui l'affranchira de la servitude d'avoir sur son terrain un genre de productions qui se récolte en même temps que celles des terrains adjacents. Enfin, cette indépendance procurée à chaque propriétaire, à l'avenir, toutes dégâts, amendes et reprises et usurpations. Le laboureur consommera moins de temps dans ses labours; il conduira facilement les engrais; il ne perdra pas de temps à rechercher ses champs et à les reconnaître; il en consommera moins à semer, herser, échardonner, scier, retourner, enjaveler, lier, et l'enlèvement sera plus facile. Il consommera moins de semence, parce qu'il aura moins de terrain sujet aux surcharges. Pénétrés de tant d'avantages réunis, les habitants ont déclaré, par le procès-verbal rédigé le 1ᵉʳ octobre 1770, et par eux signé, ainsi que la carte relative, accepter et s'en tenir pour eux, leurs hoirs et ayant-cause, à la nouvelle distribution qui leur a été faite des terres dont ils sont propriétaires sur ledit ban, dont l'ordre et l'état sont exprimés par noms et numéros dans ledit procès-verbal. Ils ont reconnu que la quotité des terres portées dans leurs titres qu'ils ont représentés, leur a été délivrée; ils ont consenti en conséquence de regarder désormais la carte dressée contradictoirement par Mougeot, arpenteur, avec toutes les parties intéressées, ensemble le procès-verbal du 1ᵉʳ octobre 1770, comme les seuls titres qui, par la représentation qui a précédé des anciens titres de propriété et de jouissance, devaient suppléer lesdits titres, et former, dès à présent, le seul qui dût régler leur jouissance et leur propriété. Ils ont arrêté, en conséquence, que cette carte annexée à la minute du procès-verbal, serait déposée avec icelui au greffe de la juridiction dudit Roville, qu'il serait délivré à chaque propriétaire un extrait du procès-verbal contenant l'état de ses propriétés, ledit extrait signé et certifié par les officiers de justice et par l'arpenteur. Ils ont, de plus, reconnu par ce procès-verbal, qu'étant remplis de la quantité du terrain portée dans leurs titres, tous les chemins de division marqués sur la carte étaient pris sur la portion appartenante au sieur de la Galaisière, seigneur dudit Roville, et ont consenti en conséquence que ledit seigneur, ses hoirs et ayant cause, demeurassent à perpétuité propriétaires desdits chemins de division, en sorte que, quoiqu'ils s'assujettissent à les laisser à perpétuité chemins publics, ils jouiraient pareillement à perpétuité du droit exclusif de les planter en arbres fruitiers seulement, et de profiter, tant des fruits que de la coupe des arbres, à la charge néanmoins de les faire élaguer toutes les fois que leur étendue pourrait nuire à la bonté des chemins et à leur desséchement. C'est dans la vue de rendre inaltérable une opération aussi avantageuse, que ces délibérants se sont assujettis par ledit procès-verbal, pour eux, leurs hoirs et ayant cause, à perpétuité, 1° à ne jamais changer, sous quelque prétexte que ce fut, le sens de culture indiqué par ladite carte; 2° à donner pareillement à perpétuité à chaque champ, c'est à dire au terrain compris entre deux sillons, la largeur de trois toises, mesure de Lorraine; 3° à ne jamais diviser aucun champ, c'est à dire que chacun desdits champs ou espaces compris entre deux sillons, portés dans ladite carte sous un numéro séparé, ne pourra être, à titre de vente, donation, testament, partages ou autres actes quelconques, divisé ni morcelé, et que, si plusieurs héritiers donataires, propriétaires, usagers ou usufruitiers, à quelque titre que ce soit, ont droit à un de ces champs, il sera par eux vendu ou licité, ou affermé à prix commun, ou cultivé par indivis; et comme dans le courant de l'année, une propriété quelconque peut, par cause de mort, vente, donation, ou autrement, appartenir à un autre propriétaire que celui au nom duquel elle est désignée par ledit procès-verbal, ils ont arrêté qu'il en serait fait mention en marge dudit procès-verbal, tous les ans, à la tenue des plaids-annaux, par les officiers du seigneur haut-justicier dudit lieu. Ils ont également déclaré accepter la nouvelle affectation des cens dus au seigneur, telle qu'elle est indiquée à la fin dudit procès-verbal, et désignée et inscrite sur ladite carte, à côté des chiffres qui marquent les différents numéros. A l'égard des pâquis communaux dudit ban de Roville, ils ont déclaré, par ledit procès-verbal, s'en tenir à la délibération qu'ils ont tenue sur cet objet, le 20 décembre 1769. Les motifs de cette délibération ont été, 1° de mettre en culture une partie considérable de terrain, dont on ne tirait aucun produit; 2° en donnant spécialement au manœuvre le moyen de subsister, de l'attacher à son domicile par l'appât d'une espèce de propriété; en conséquence, distraction faite d'une place commune laissée à l'entrée du village pour l'ébat des bestiaux, et du tiers du terrain abandonné au seigneur, pour son droit de tiers dernier, au moyen duquel abandon, ledit seigneur a renoncé à perpétuité à exercer ledit droit de tiers dernier, tant sur les portions distribuées aux habitants que sur celles qui seront affermées au profit de la communauté, on a divisé le surplus du terrain formant les pâquis dudit Roville, en cinquante-sept portions, dont trente-deux contiguës les unes aux autres, ont été tirées au sort par les trente-deux habitants composant la communauté; les vingt-cinq autres devant être laissées à bail au profit de la communauté, et étant destinées aux nouveaux entrants, toujours de suite en suite. De tout quoi, il a été dressé délibération en forme de procès-verbal, le 20 décembre 1769. Les conditions auxquelles les habitants se sont soumis pour raison de ce partage fait en vertu de ladite délibération, sont, 1° qu'ils seront exempts de vain-pâturage et de toute servitude quelconque les uns envers les autres, et que tous les lots aboutissants sur un chemin de division, seront réciproquement indépendants de passage l'un sur l'autre, n'entendant par ce, hors les cas prévus par la coutume et notre édit du mois de mars 1767, se soustraire au droit de parcours dont les communautés voisines sont en possession, aussi long-temps qu'il nous plaira laisser subsister ce droit; 2° que les portionnaires en jouiront à titre d'usufruit, autant et si long-temps qu'ils seront et demeureront habitants et résidants audit lieu, et pour l'une desdites portions ou lots seulement, un habitant ne pouvant en tenir deux, qu'autant qu'il en louerait une de la communauté pour en tirer, par toutes sortes de cultures, tous les profits possibles, sans pouvoir aliéner lesdits lots en tout ou en partie, ni autrement en disposer en faveur d'aucun externe du village; 3° qu'à mesure qu'il s'établira un nouvel habitant, il lui sera délivré le numéro suivant de la division déjà faite et occupée, et successivement, sans pouvoir en laisser aucun intermédiaire, toutes celles qui ne seraient point tenues par les portionnaires, et louées par conséquent au profit de la communauté, devant être contiguës et successives; 4° que si néanmoins aucun des lots déjà livrés aux habitants échet en vacance, par mort, sortie des tenants ou autre cause, ils seraient laissés au profit de la communauté, et seraient les premiers à remettre aux entrants : pour éviter à cet égard toute contestation, la jouissance commencera toujours au 1er janvier; 5° qu'à l'exception de la place commune, tout le surplus des usages non tenus par les portionnaires, et cependant divisés en portions, sera laissé à bail, au plus offrant et dernier enchérisseur, par la communauté, et à son profit, par baux de neuf années consécutives, à commencer du 1er janvier, et finir à pareil terme, à charge par l'adjudicataire de cultiver, dans le sens marqué sur la carte, toujours aboutissant au chemin de la division, sans qu'il soit permis jamais de confondre les numéros; 6° que le prix que l'adjudicaire paiera à la communauté, pour chacune des portions qui lui sera laissée, sera spécifié dans le bail, en sorte qu'à l'entrée de chaque nouvel habitant, la communauté fera déduction au fermier, du prix de la portion qu'il lui aura délivrée; et si ladite portion est emplantée, le nouvel entrant, à son choix, en laissera faire la récolte au fermier, on l'indemnisera à dire d'expert; 7° que chaque lot demeurera indivisible et inaliénable; mais comme l'exécution de ce plan, aussi utile dans toutes les parties, quoique adopté unanimement par tous ceux qui y sont intéressés, ne pourrait conserver une perpétuité inaltérable, s'il n'avait pas reçu notre approbation qui est nécessaire, lesdits délibérants nous ont supplié, en dérogeant aux lois qui pourraient être contraires aux dispositions énoncées dans ce procès-verbal, et dans leurs délibérations, de confirmer et homologuer lesdites délibérations, procès-verbal, et la carte y relative; d'ordonner que ledit procès-verbal, et les actes annexés à sa minute; ainsi que ladite carte, ensemble l'arrêt à intervenir, seront déposés au greffe de la juridiction de la communauté dudit Roville; ordonner pareillement que copie, tant dudit procès-verbal que de ladite carte, sera déposée au greffe de notre cour souveraine de Lorraine et Barrois; et attendu que les mutations occasionnées par la nouvelle division ne peuvent être regardées que comme un démembrement fait volontairement et à l'amiable, et non comme des échanges entre les différents propriétaires, déclarer lesdites mutations exemptes de tous droits d'amortissements, d'échanges ou autres quelconques, qui pourraient être prétendus par nos fermiers, sauf et sans préjudice des droits qui pourraient être prétendus par tout autre; à cet égard déclarer les portions délivrées à chaque habitant, et qui représentent la part que ledit habitant avait dans les communes, insaisissables pour le fond seulement; d'ordonner enfin que lesdits habitants jouiraient pour raison desdites portions à eux délivrées pendant l'espace de vingt années, de l'exemption des dîmes, tailles, vingtièmes, et autres impositions généralement quelconques, et ce, à compter du 1er janvier de la présente année.

Nous n'avons pu voir qu'avec une véritable satisfaction le plan formé par ledit sieur de la Galaisière, et adopté par ladite communauté de Roville; et voulant la faire

jouir des avantages infinis qu'elle doit en recueillir, désirant même de mettre sous les yeux des autres communautés un modèle qui puisse les engager à se procurer les mêmes avantages, et à suivre l'exécution d'un plan pour lequel nous sommes dans l'intention d'accorder les encouragements les plus marqués (1), nous avons eu égard aux représentations qui nous ont été faites par lesdits délibérants, ainsi qu'aux demandes qu'ils ont formées en conséquence, et nous y avons statué par arrêt rendu en notre conseil-d'état, nous y étant, le 28 mars dernier, sur lequel nous avons ordonné que toutes lettres-patentes nécessaires seraient expédiées.

A ces causes, après avoir sur ce vu en notre conseil ledit arrêt ci attaché sous le contre-scel de notre chancellerie, de l'avis de notre dit conseil, et de notre grâce spéciale, pleine puissance et autorité royale, nous avons conformément audit arrêt, confirmé et homologué, et par ces présentes signées de notre main, confirmons et homologuons les délibérations tenues à Roville les 3 décembre 1768 et 20 décembre 1769, ensemble le procès-verbal dressé le 1er octobre 1770, pardevant les officiers de la justice de Roville, comme aussi la carte levée par Mougeot, arpenteur, et signée le même jour 1er octobre 1770; desquelles délibérations, ainsi que de l'extrait du procès-verbal, copie collationnée sera et demeurera annexée à la minute dudit arrêt. Voulons en conséquence que lesdites délibérations, procès-verbal et carte soient suivis et exécutés selon leur forme et teneur, ordonnons que ledit procès-verbal, et les délibérations des 3 décembre 1768 et 20 décembre 1769, annexés à la minute, ensemble la carte dressée par Mougeot arpenteur, et signée le 1er octobre 1770, ainsi que ledit arrêt de notre conseil et ces présentes, seront déposés au greffe de la juridiction dudit Roville; que la copie en ladite dudit procès-verbal et de ladite carte seront déposées pareillement au greffe de notre cour souveraine de Lorraine et Barrois, pour en être délivré des expéditions par extraits des articles que requerront les parties intéressées. Exemptons de tous droits d'amortissement, d'échanges et autres qui pourraient être prétendus par nos fermiers, les mutations de propriétés faites entre les propriétaires dudit Roville, pour raison de remplacement et d'indemnité, relativement à la nouvelle division de leurs terres, circonstances et dépendances, sauf et sans préjudice des droits qui pourraient être prétendus par tout autre à cet égard. Voulons que les portions de pâquis délivrées aux habitants de Roville, suivant la délibération en forme de procès-verbal du 3 décembre 1768, soient à perpétuité insaisissables pour le fond seulement. Lesdites portions délivrées auxdits habitants, seront exemptes, pendant vingt années, et ce, à compter du 1er janvier de la présente année. Défendons en conséquence à tous taxateurs, collecteurs et asseyeurs, d'augmenter pendant ledit temps lesdits habitants portionnaires à la subvention, vingtièmes, tant qu'ils auront cours, et autres impositions, pour raison des produits et exploitations desdites portions. Dérogeons à tous édits, déclarations, lois, usages et coutumes qui pourraient être contraires aux différentes clauses et dispositions énoncées dans ledit procès-verbal et lesdites délibérations, ainsi qu'aux dispositions dudit arrêt et des présentes.

Si vous mandons que ces dites présentes vous ayez à faire registrer, et du contenu en icelles et audit arrêt faire jouir et user lesdits habitants et communauté de Roville, et autres y dénommés, pleinement et paisiblement, cessant et faisant cesser tous troubles et empêchements contraires, car tel est notre plaisir. Donné à Versailles, le septième jour de mai, l'an de grâce mil sept cent soixante-onze, et de notre règne le cinquante-sixième. Signé Louis, et plus bas, par le Roi : Monteynard.

(1) Nous prions les lecteurs de faire attention à cette expression précise de la volonté du monarque. Louis XV voulait étendre à toutes les communes les avantages de ce plan, et ce dispositif n'est pas dans le protocole ordinaire. Espérons qu'on y reviendra, et que cette tradition, royale et bienfaisante, ne sera pas perdue.

La communauté de Roville en recueille encore aujourd'hui les nombreux avantages, et doit les sentir d'autant mieux que cette distribution de ses propriétés rurales lui a valu la gloire de donner un très bel exemple. C'est cette circonstance qui a déterminé l'établissement à Roville de la Ferme-Modèle que M. Matthieu de Dombasle a eu le bonheur d'y créer, et qui rendra ce lieu de plus en plus intéressant, et même justement célèbre, dans les fastes de la science la plus utile au genre humain. Puisse ma faible voix concourir à lui faire rendre plus généralement la justice qui lui est due. Les amis de l'agriculture qui iront visiter Roville, ne me sauront pas mauvais gré de les y avoir engagés.

Registré ès registres du greffe de la cour, du consentement du procureur général du roi, suivant l'arrêt de ce jour, pour être exécuté selon leur forme et teneur. Fait en la cour souveraine, à Nancy, le quatorzième mai mil sept cent soixante-douze. Signé Balthasar.

Registré ès registres au greffe du comté de Neuviller, l'arrêt du conseil d'état du vingt-huit mars mil sept cent soixante-onze, les lettres patentes du roi du sept mai suivant, ensemble l'arrêt de la cour souveraine de Lorraine, du 14 mai mil sept cent soixante-douze, qui ordonne l'exécution desdits arrêt et lettres-patentes, en présence de la communauté assemblée, à laquelle on a donné lecture desdits arrêt et lettres-patentes, aux fins de s'y conformer. Fait à Roville, en la maison du sieur Maire, le 5 novembre mil sept cent soixante-douze, par le greffier soussigné.

Signé D. Roguinot.

Copie par extrait du procès-verbal de division et partage des terres du ban de Roville.

Ce jourd'hui, 1er octobre 1770, pardevant nous Philippe Mangeot, avocat en la cour, exerçant au bailliage royal de Rosières, en qualité de prévôt bailli du comté de Neuviller, en présence et à la participation de Me François Drouot, aussi avocat en la cour, en qualité de procureur fiscal en la prévôté bailliagère dudit comté de Neuviller, à laquelle ressortit le village de Roville, furent présents les habitants, laboureurs, artisans et manœuvres, composant et représentant le corps de la communauté de Roville, dépendante du comté de Neuviller, les mêmes habitants en leur particulier, comme propriétaires de maisons, terres, prés, jardins, vignes, chenevières, et autres héritages en toute nature; et encore comme laboureurs et cultivateurs du ban dudit lieu, ensemble les portériens, propriétaires et forains du même ban, réunis et assemblés sur la convocation faite par M. de la Galaisière, seigneur dudit comté de Neuviller, à l'effet de reconnaître et d'accepter les portions qui viennent d'être assignées à chacun d'eux, dans la nouvelle distribution de la totalité des terres qui composent le ban dudit Roville, conformément à la demande qu'ils en ont faite par leur délibération du 3 décembre 1768; lesquels considérant que la division à l'infini, etc.

Et attendu que l'arrangement contenu dans le procès-verbal ci-dessus, et dans lesdites délibérations contient quelques dispositions contraires à la coutume et aux lois municipales qui régissent la Lorraine, les comparants ont résolu de se pourvoir aux grâces du roi, à l'effet d'obtenir de sa majesté l'homologation et confirmation dudit procès-verbal et desdites délibérations, et ont signé avec nous le présent procès-verbal et ladite carte.

État de distribution et partage des terres.

QUALITÉS.	NUMÉROS.	NOMS DES PROPRIÉTAIRES.	JOURS.	OMMÉES.	TOISES.	PIEDS.	POUCES.
					CONSISTANCES.		
MAUVAISES.	1	La Chapelle-Pied-de-Bois : longueur, soixante-quatre toises un pied cinq pouces ; largeur, trois toises, faisant, ci..................	»	7	17	4	5
MAUVAISES.	2	*Idem*, longueur, soixante-deux toises quatre pieds cinq pouces ; largeur, trois toises, faisant, ci..	»	7	12	3	5
MAUVAISES.	3	*Idem*, longueur, soixante toises sept pieds cinq pouces ; largeur, trois toises, faisant, ci............	»	7	7	2	5
MAUVAISES..	4	*Idem*, longueur, cinquante-neuf toises cinq pouces ; largeur, trois toises, faisant, ci............	»	7	2	1	5
MAUVAISES..	5	*Idem*, longueur, cinquante-sept toises trois pieds cinq pouces ; largeur, trois toises, faisant, ci.....	»	6	23	»	5
MAUVAISES..	6	*Idem*, longueur, cinquante-cinq toises six pieds cinq pouces ; largeur, trois toises, faisant, ci....	»	6	16	9	5
		Idem, longueur, cinquante-trois toises neuf pieds cinq pouces ; largeur, trois toises, faisant, ci..	»	6	11	8	5
MÉDIOCRE..		M. l'abbé Drouot : longueur, quatre-vingt-neuf toises sept pieds ; largeur, trois toises, faisant ci.....	1	»	19	1	»
BON......	49	Nicolas Renard : longueur, cent vingt-cinq toises huit pieds sept pouces ; largeur, trois toises, ci	1	5	2	6	9
BON......	79	Les RR. PP. Tiercelins, de Bayon : longueur, quarante toises ; largeur, trois toises faisant, ci....	»	4	20	»	»
		CANTON DES FRICHES.					
BON......	126	Les dames de Bouxières, longueur, cinquante-sept toises ; largeur, trois toises, faisant, ci........	»	6	21	»	»
CHENEVIÈRES.	267	Au seigneur : longueur, quarante-quatre toises quatre pieds ; largeur, neuf toises, faisant, ci...	1	6	4	»	4

Nota. On n'a rapporté ici que quelques articles de l'état de distribution des terres, ce qui paraît suffisant pour donner une idée de la forme dans laquelle ce procès-verbal est rédigé.

Déclaration des numéros sur lesquels sont assis et affectés les cens ci-après énoncés.

Le numéro 46 sera chargé d'un demi-chapon, au lieu et place d'un jour de terre, a la rive de la Borde, entre le ci-devant le seigneur d'une part, le chemin, ou sentier, d'autre, qui en sera déchargé.

Le numéro 57 sera chargé de deux livres quatre sols, pour cinq ommées, quatre toises de prés, pour nouvel ascensement à François Remy.

Le numéro 68 sera chargé de deux chapons qui se percevaient ci-devant sur neuf ommées de terre près les plantes, entre la Chapelle, tenue par le sieur Pescheur d'une part, M. Claude Maillard d'autre.

Le numéro 252 doit trois chapons à la seigneurie de Mangonville, à la décharge de la seigneurie de Roville, suivant qu'il est porté par les plaids-annaux, etc.

Fait, accepté, clos et achevé audit Roville, tant pour la distribution des terres, prés et autres héritages, que pour l'affectation des cens sur les différents numéros, par les propriétaires et habitants soussignés, et ont signé lesdits propriétaires et habitants. Suivent les signatures.

NUMÉRO III.

DÉTAILS SUR LE CANTON DE WASE, DISTRICT TRÈS RENOMMÉ, ET APPELÉ LE JARDIN DE LA FLANDRE, PAR J. B. DE BEUNIE, M. D.

Dans le district de Wase, la mesure de terre qu'on nomme gemet, a trois cent trente-trois perches, et la perche à vingt pieds carrés, cette mesure diffère peu de l'acre anglais. En général, l'acre est loué de 15 à 18 florins; indépendamment de cette rente, le fermier paie 5 florins en impositions, lesquelles varient selon les besoins extraordinaires des villages ou de la province; ces variations sont très peu considérables, soit en plus, soit en moins; de plus, il paie, pour chaque cheval, 2 florins, 8 sous, pour chaque vache, génisse et veau, 1 florin 4 sous; pour chaque bête à laine, 1 penny (18 deniers) par an, et la dîme de toute récolte.

Le propriétaire, outre sa rente, jouit du produit de tous les arbres de clôture; ils

Namur, de deux cents à six cents acres: de sorte que les fermiers sont rares, attendu qu'il y en a peu parmi eux qui puissent faire les avances nécessaires pour monter ces fermes en chevaux, bétail et instruments de culture. Pour faire valoir, dans les deux dernières provinces, il y a plusieurs villages dont tout le terrain forme trois ou quatre franc-fiefs, et les autres habitants n'ont pas un pouce de terre, et sont, pour ainsi dire, les esclaves des fermiers. Le défaut de bras est cause que la moitié ou le tiers des terres reste sans culture, les villages sont peu peuplés, et ils le seront encore moins dans la suite, parceque la jeunesse va servir dans les villes et dans les armées. Dans le district de Wase, c'est tout le contraire; il y a mille chaumières dont dépendent trois ou vingt acres de terre; il y en a peu qui en aient vingt-cinq. Aussitôt qu'un jeune homme peut acheter une vache et quelques outils d'agriculture, il se marie, loue une chaumière avec deux ou trois acres de terre; il cultive son petit champ à la bêche faute d'un attelage. Après que sa culture est faite, il travaille à la journée pour ses voisins, où il porte son lin au marché; sa femme est occupée à le préparer et à le filer: le mari est tisserand ou cordonnier. Dans cet état de pauvreté, le paysan se croit le mortel le plus heureux. Après avoir vécu de cette manière pendant quelques années, il loue une ferme de dix ou douze acres, et il continue le même système de culture; il sème beaucoup plus de lin et insensiblement il devient riche. Il y a des paysans, qui après avoir commencé, comme je viens de le dire, laissent à leurs enfants 30 à 40 mille florins.

La facilité de s'établir de cette manière, rend la population plus considérable que celle des autres pays, d'un tiers ou d'un quart, quoique les fermes aient de terres. Les villages ne sont éloignés les uns des autres que d'une lieue, et leur population est de six à sept mille ames. Le paysan ne quitte pas son village pour aller servir dans les villes; il travaille pour soutenir sa famille (1).

Le district de Wase a plus de ressources que les autres, par la culture de plusieurs espèces de végétaux qu'ils ne connaissent pas. On y cultive la gaude, qu'on sème avec le trèfle, et qu'on vend avec avantage aux teinturiers du pays et de la Hollande. On cultive beaucoup de trèfle; le terrain y est très convenable, et par ce moyen on nourrit beaucoup de bêtes à cornes. On engraisse beaucoup de veaux pour les vendre à Bruxelles, et à Anvers, et l'on récolte beaucoup de graine de trèfle, qu'on vend à l'étranger. Dans quelques endroits la culture du houblon est très commune et abondante; on le vend à l'étranger.

La principale branche de commerce consiste dans le chanvre et le lin, qui occupent le quart des terres, et fournissent une grande partie de l'Europe. Tout le lin de Flandre ne vient pas du district de Wase; on en sème plus dans les autres cantons que dans ce pays; mais on l'y envoie pour le préparer; il en sort tous les ans, d'Anvers et des environs, trente à quarante navires.

On sera étonné d'apprendre que les Brabançons négligent la culture du lin qui fait la richesse de la Flandre. Il exige beaucoup de travail de la part des femmes; et il y a peu d'endroits où elles puissent s'y livrer. Les grands fermiers ne peuvent pas s'occuper des détails minutieux de cette culture, et le pauvre paysan, qui n'a pas un pouce de terre, est obligé de travailler pour les fermiers.

Ce peuple industrieux a fait plus de progrès en améliorations qu'aucun de ses voisins. Il y a des Flamands qui font commerce des engrais: ils ramassent les boues

(1) J'avais bien pesé cet article lorsque j'avais borné au nombre d'environ 80 celui des fermiers qui seraient venus à l'envi de tous les points de la France, où la culture est la meilleure et la mieux entendue, pour se partager la culture susceptible d'être exploitée dans les 1200 hectares de terre labourable du parc de Chambord. Cela ne supposait qu'à peu près 15 hectares par chaque corps de ferme, et de plus 4 ou 5 hectares de prairies arrosables; étendue assez juste pour exercer et enrichir une famille de campagne, par le secours des bestiaux qu'elle aurait le moyen de nourrir à l'étable, et de tenir toujours dans l'enclos d'un hectare qui entourerait sa maison.

Ce bétail, qui serait nombreux, n'aurait jamais besoin d'être conduit à la pâture, laquelle serait supprimée universellement dans le domaine de Chambord; mais les cultures des racines et des légumes fourrageux, les produits abondants des prairies artificielles et les foins excellents des prairies naturelles plusieurs fois arrosées, les tontures des haies, l'élagage des arbres, etc. pourvoiraient largement à l'entretien de ce bétail, de manière à en augmenter les produits et les avantages à un point qui surpasserait la vraisemblance et le calcul.

des villes, les vidanges d'Anvers, de Meklin, de Louvain, de Bruxelles et de presque toutes les villes de la Hollande, les déposent dans des fosses dans différents endroits, et les vendent en détail aux cultivateurs. Dans tout le district de Wase, il n'y a pas un pouce de terre qui ne soit cultivé à la bêche tous les sept ans. Il n'est donc pas étonnant que ces cantons, moins fertiles de leur nature que les autres, mais mieux cultivés et amendés, donnent des récoltes plus abondantes que ceux dont le sol est beaucoup plus fertile.

Culture des pavots. 1° Pour que le pavot réussisse, il faut le semer dans un terrain léger, et le fumer peu;

2° On le sème dans une terre qui a produit des grains d'hiver, pourvu qu'elle soit bien nettoyée des mauvaises herbes. Il réussit bien après les turneps, qu'on sème ici communément après le seigle et le colza;

3° On le sème à demeure, en mars ou avril, très clair, et en sarclant on espace les plants de deux pouces;

3° Il mûrit au milieu du mois d'août; à cette époque, on secoue la tête des pavots dans des sacs pour en avoir la graine; ensuite on arrache les plantes, on les expose au soleil et on les secoue de nouveau pour avoir leur graine. Il y a des cultivateurs qui coupent les têtes des pavots, les mettent dans des sacs pour les faire mûrir au soleil; ensuite on les étend sur des draps, et on les secoue pour en détacher la graine.

5° On attache en bottes les plus grosses têtes de pavots qu'on vend aux apothicaires; le reste est acheté pour la Hollande;

6° La graine est broyée comme celle du colza. L'huile du pavot est douce et agréable; le peuple s'en sert au lieu de beurre, ainsi que les boulangers; elle remplace l'huile d'olives, pour le peuple; et les peintres s'en servent pour le mélange des couleurs claires. La plus grande quantité est envoyée en Hollande, où on la mêle avec l'huile d'olives commune qu'elle adoucit, et ensuite on la vend comme huile de première qualité.

On cultive trois sortes de pavots: la première est à graines grises; la seconde à graines noires, et la troisième est nommée pavot aveugle, c'est celle qu'on vend aux apothicaires; les têtes en sont plus grosses: on la nomme aveugle, parceque les petites cases qui la renferment sont closes, de façon qu'on est obligé de briser les têtes pour en avoir la graine.

Quand on sème le pavot, on mêle un quart de terre fine, deux quarts de cendres de bois, et un quart de graine, afin qu'elle soit semée bien clair. Trois onces suffisent pour un arpent, parceque plus les plantes sont éloignées, mieux elles réussissent.

Manière dont les pièces de terre sont closes.

A. Terre labourée. En lui donnant la forme convexe, on gagne en surface ce qu'on perd par le fossé.

B. La terre presque coupée verticalement à deux pieds et demi, ou plus bas que sa surface.

C. Place où les arbres sont plantés, large de deux pieds et demi.

D. Fossés pour recevoir l'eau, de cinq pieds de largeur, et de trois ou quatre de profondeur.

La plantation des arbres ne nuit point aux grains dont les racines ne s'enfoncent que de huit à neuf pouces; celles des arbres sont à trois pieds, et n'empêchent pas le labour. Les bords des champs sont labourés à la bêche.

L'avantage des fossés est de recevoir les eaux qui inonderaient les terres. Tous les cinq ans on les nettoie après avoir coupé les arbres. On en retire beaucoup de fumier, qui est composé de la vase, des feuilles des arbres pourries, et d'autres végétaux.

N. B. Ce portrait du pays nommé le jardin de la Flandre, ressemble, sans être flatté. C'était à ce portrait que j'eusse désiré de faire ressembler Chambord.

J'y aurais joint aussi, comme modèle et comme règle, *le compte et le tableau des cultures flamandes*, que j'ai publiés le premier, dans une grande note sur *le théâtre d'Agriculture* d'Olivier de Serres (tome 1er, in-4°, page 182 et 204), et qui ont été reproduits dans les *Annales d'agriculture* et ailleurs. Cette citation complète l'exposé des moyens que j'allais employer pour faire de Chambord la véritable école de l'agriculture française.

NUMÉRO IV.

OBSERVATIONS IMPORTANTES SUR L'ÉDUCATION DES MOUTONS.

Extrait de la Gazette d'agriculture du mardi 9 février 1777.

Un rayon de lumière est un faisceau de rayons; une vérité pratique est un faisceau de vérités utiles. Une maxime usuelle, dès qu'elle est bienfaisante, est bienfaisante dans tous ses rapports, et ses rapports s'étendent toujours fort loin. Nous avons vu ci-devant combien il serait avantageux de ne pas mener paître les bestiaux dans les prairies, tant pour la fertilité des prairies que pour la santé des bestiaux. Cependant quoique nous ayons réuni et le poids de divers raisonnements, et les résultats de plusieurs expériences, cet objet peut encore être considéré sous de nouvelles faces non moins intéressantes. Par exemple, peut-être est-ce à l'usage de nourrir les moutons dans les étables que les Anglais doivent, en partie, la longueur de la laine de ces animaux, avantage que tant d'autres nations désespèrent de se procurer. Cette conjecture est fondée sur une expérience, qu'on ne saurait contester.

La Silésie est renommé par ses fabriques de laine. L'industrie de l'agriculteur, si elle n'est contrainte, se porte sur les objets que le commerce lui demande avec plus d'empressement. Un des principaux membres de la société patriotique de Breslau (et cette société oblige, par ses statuts, ses membres, à ne publier que des expériences bien constatées) a essayé de perfectionner l'éducation des bêtes à laine, en suivant la manière anglaise de les nourrir dans l'étable tant en été qu'en hiver. Il a mis une partie de ses brebis dans une bergerie séparée; là il les a nourries en été de trèfle en herbe, en hiver de trèfle en foin. Non seulement elles ont été plus saines, plus vigoureuses, plus gaies que celles que l'on a mené paître selon la coutume; mais encore elles se sont couvertes d'une laine meilleure et plus longue, et la laine de leurs agneaux, plus gros et plus forts, a été également plus forte et meilleure. La même expérience a été faite dans la principauté de Schweidnitz; elle y a eu le même succès.

Plus de foin, plus de chair, plus de graisse, plus de laine et de meilleure qualité, plus de fumier et d'une bonté supérieure, infiniment moins de maladies parmi les bestiaux, si les étables sont convenablement construites et soignées; ces bénéfices sont considérables et multipliés, et cette méthode en promet bien davantage. L'usage contraire perpétue tyranniquement et les jachères, et les communes, et les parcours, et une infinité d'abus et de différents destructeurs de la richesse publique. Quel bien ne produirait donc pas la pratique contraire? Tant de prétentions au droit de pacage tomberaient d'elles-mêmes; il n'y aurait presque plus d'obstacles au partage des communes; dans tous les champs, une culture pourrait suivre immédiatement une moisson; les communautés et les particuliers ne se ruineraient pas réciproquement pour recueillir des fruits malfaisants sur les propriétés d'autrui, etc., etc.

L'usage de nourrir le bétail dans les écuries, est donc physiquement et moralement un des moyens les plus nécessaires et les plus efficaces de rétablir promptement l'agriculture, et d'augmenter rapidement la richesse publique.

N. B. Joignez à cet article les calculs d'*Adam Fabroni*, fondés sur une expérience qui démontre que la tenue des brebis à l'étable est la méthode qui les maintient plus saines, rend leur laine plus belle, et rembourse plus sûrement tous les frais de leur entretien (*Instructions élémentaires d'Agriculture*, traduites de l'italien par Alexandre Vallée, in-8° page 252, 253).

Mais consultez surtout l'article intitulé *de la Zoologie rurale*, que j'ai placé en note à la fin du premier volume *du Théâtre d'Agriculture* d'Olivier de Serres (tome 1er, in-4° pages 656, 666), et spécialement le paragraphe *de l'amélioration et de la conservation* des espèces de bestiaux, et le paragraphe trois sur les perfectionnements dont pourrait être susceptible l'entretien du bétail. C'est là que j'ai insisté, d'après une foule d'auteurs et un très grand nombre d'exemples décisifs, sur la supériorité de l'entretien des bestiaux à l'étable, ainsi que sur les inconvénients et les dangers multipliés du vain parcours et des pâturages communs. Il n'y a contre le principe aucune objection à faire. L'école de Chambord aurait donné l'exemple de le mettre en pratique. C'était un des plus grands services qu'on put rendre à l'agriculture. J'ai cru être au moment de jouir d'un si grand bonheur en l'an 1801, où le gouvernement avait d'abord semblé vouloir se fier à moi du succès d'une si belle épreuve, mais hélas! la faux de Bellone détruisit alors sans pitié l'espoir qui n'avait fait que sourire à Cérès.

NUMÉRO V.

DU PRODUIT DE LA VIGNE ET DES MOYENS DE L'AUGMENTER.

Extrait de mes notes sur le théâtre d'agriculture d'OLIVIER DE SERRES, in-4°, 1804.

On voudrait sur ce point un compte exact et régulier; mais, il faut l'avouer, les anciens ni les modernes n'en ont que des éléments vagues.

« Si vous me demandez, dit Caton, mon avis sur le meilleur bien de campagne, voici ce que je pense. La vigne qui est bonne, est le premier des biens ruraux. Après elle, vient le jardin que l'on peut arroser. »

Columelle préfère aussi la plantation de la vigne à toute autre plantation.

Mais, quel est le produit des vignes ? A-t-on à cet égard des données suffisantes ? Pour décider l'emploi du sol à telle ou telle espèce de végétaux de préférence, il faut d'autres raisons que des vues générales et des éloges oratoires. En fait d'économie rustique, tout aboutit à des calculs, et tout se résout par des chiffres.

Celui des auteurs anciens qui a le mieux écrit sur les vignes, a senti cette vérité.

Avant de disserter sur la plantation des vignes, Columelle examine si cette culture convient au père de famille et si elle peut l'enrichir. La question était douteuse; les auteurs étaient partagés. C'est le sujet intéressant d'un de ses plus curieux chapitres, dans lequel il veut démontrer aux amis de l'agriculture l'importance des vignes et leur fécondité. J'abrège beaucoup les détails, pour arriver au résultat. Columelle établit qu'un vigneron ne peut cultiver que sept *jugera* ou anciens arpents romains dont chacun contenait 28,800 pieds carrés. Si mauvaises que soient ces vignes, pour peu qu'elles soient cultivées, elles doivent produire un *culleus* par *jugerum*, ou deux barriques et demie, de deux cent quarante pintes, par arpent romain; ce qui suffirait, selon lui, pour l'emporter encore sur l'intérêt à six pour cent de toutes les avances. Ce n'est pourtant pas le calcul auquel Columelle s'arrête; il veut qu'on arrache les vignes quand elles ne rapportent pas trois *cullei* par *jugerum*, ou sept barriques deux tiers par arpent de 28,800 pieds carrés, ou de douze à treize barriques de deux cent quarante pintes chacune, par demi-hectare, ou grand arpent de 100 perches de 22 pieds.

A prendre aujourd'hui à la lettre cette décision, il s'ensuivrait qu'en France, il faudrait arracher presque toutes les vignes, si l'on jugeait de leurs produits par les états ou inventaires recueillis dans le *Cours d'Agriculture* de Rozier, tome X, page 129 et suivantes.

Sous Louis XIV, Vauban évaluait le produit d'un arpent de vigne à quatre muids, année commune, c'est bien loin des douze poinçons qu'exige Columelle.

Un ouvrage imprimé à Pontoise, en 1797, calcule qu'un arpent de vigne dans les environs de Paris, contient 7,500 échalas vêtus, lesquels doivent produire, suivant une évaluation moyenne, 7,500 livres de raisin, ou sept muids et demi de vin; mille livres de raisins, pressurées, étant estimées rendre un muid de vin. Ce serait, par arpent (demi-hectare), huit barriques deux tiers. Conséquemment, il faudrait encore appliquer à ces vignes l'arrêt de Columelle, qui veut que l'on extirpe toutes celles dont le produit ne peut s'évaluer entre douze et treize barriques pour l'arpent, ou demi-hectare.

On n'a pas laissé d'essayer différents moyens d'augmenter le produit de nos vignes.

Duhamel du Monceau avait voulu leur appliquer les principes de la culture appelée à *la Tull*. Il plaçait dans les planches trois rangées de ceps, à trente pouces en tout sens, et laissait entre les rangées des plates-bandes de cinq pieds, qu'on labourait à la charrue. Vingt planches de 40 toises de long, faisant environ l'étendue d'un arpent, ou demi-hectare, devaient produire 6,720 pintes de vin, ou 23 muids et 96 pintes, 10,384 litres; ce qui ferait le double du produit annuel que Columelle demandait aux vignes bonnes à garder.

Ce résultat sans doute était digne d'attention; mais les essais, faits en petit par un syndic de la république de Genève (Château-vieux), ne furent pas assez connus, et n'eurent point d'imitateurs.

Depuis cette époque, la société d'agriculture de Valence, en 1772; l'académie de Metz, en 1775; et auparavant, l'abbé Roger-Schabol, et d'autres ont préconisé l'alignement des vignes en espaliers et en perchées, avec des intervalles considérables entre ces lignes; mais nous n'avons point de relevé positif du succès des expériences qu'on a provoquées dans ce but, et nulle part, du moins à notre connaissance, on n'a exécuté en grand cette méthode heureuse des ceps de vigne en espaliers, ou en treillages, parfaitement décrite dans le mémoire de Durival, imprimé à Nanci en 1777. Il avait pris l'idée de Roger-Schabol, en remplaçant pourtant les perches transversales par deux lignes de fil de fer, etc.

Durival soupçonnait, au reste, que l'on pourrait encore simplifier cette méthode. Et c'est à quoi paraît avoir tendu l'estimable anonyme qui a publié des *principes sur la culture de la vigne en cordons*, in-8° à Châtillon-sur-Seine, 1825. Mais cet ouvrage, trop succinct, ne donne que des espérances, dénuées de calculs et de comparaisons, sur les produits de ces cordons, dans un terrain donné, et mis en parallèle avec le système ordinaire.

Tout ce que je viens d'exposer reste fort au-dessous de ce qu'on nous annonce de la culture de la vigne en cônes, ou en pyramides; culture d'un produit qui paraît incroyable, et qui a été transportée de la rive droite du Rhin à Barr, près Andlau, en Alsace. Suivant cette méthode, les ceps formés en pyramides, et à huit pieds les uns des autres, une fois arrivés à l'âge de sept ans, produisent annuellement cinquante livres de raisin, et quelquefois soixante; un arpent, ou demi-hectare, comprenant donc 750 de ces cônes, ou pyramides, donnerait 375 hectolitres de vin; et nourrirait en outre largement son cultivateur par le produit des plantes cultivées dans les intervalles, ce que la culture ordinaire ne peut jamais admettre.

J'ai écrit à Strasbourg pour savoir à quoi m'en tenir sur ce système merveilleux. En attendant je prie les amis de l'agriculture, qui pourront lire cette note, de vouloir bien me faire part des observations, des faits et des calculs qu'ils peuvent avoir recueillis, pour éclairer cette matière et parvenir au grand objet d'augmenter le produit des vignes, en apportant dans leur culture plus d'ordre et plus d'économie.

Au surplus, cette plante, si précieuse pour la France, aurait été l'objet de soins particuliers dans l'école d'agriculture établie à Chambord. Feu M. Olivier devait rapporter de Turquie et de Perse des plants qui nous manquent encore, tels que la vigne qui produit le *kichmich*, le meilleur des raisins à manger qui existe dans tout le monde, etc.

NUMÉRO VI et dernier.

Manière de fabriquer le riz de pommes de terre, par feu madame veuve Chauveau de la Miltière.

La pomme de terre sortant de l'eau est mise à égoutter pendant une nuit, après quoi on la prend par morceaux, que l'on fait passer avec force au travers d'un tamis de laiton placé au-dessus d'un plateau de fer blanc, ayant tout autour un bord d'environ un pouce de haut. La farine, pressée dans le tamis, tombe comme de la neige sur le plateau, que l'on emplit jusqu'à la hauteur du bord.

Les plateaux emplis de cette manière sont portés au four, qui doit être aussi chaud que pour le pain. On connaît que la cuisson est parfaite lorsque la matière est détachée des plateaux : alors on la tire du four, on la pile de suite un peu dans un grand mortier, et lorsqu'on a obtenu des morceaux à peu près de la grosseur d'un macaron, on peut les passer dans un moulin le genre des moulins à broyer le tabac, où ces morceaux sont divisés inégalement. La matière ayant subi cette mouture est passée dans différents tamis, pour en tirer du riz de trois espèces de grosseur et de la farine de riz.

Aperçu de la mise en activité de la fabrique de la Miltière, près de Tours, pour la préparation des pâtes légumineuses de l'invention de madame veuve Chauveau.

Avant d'entrer dans le détail des frais de l'établissement, il convient de prendre une idée des prix coûtants de chacun des objets qu'on se propose de fabriquer et qui sont : les *pâtes de pommes de terre* celles, de *pois*, de *haricots*, de *lentilles*, de *fèves*, de *marrons*, et si l'on veut, de *maïs* et de *millet* (1).

Pâtes de pommes de terre.

Le boisseau de pommes de terre coûte, prix moyen, 0,30c; les 100 boisseaux coûteront..............................	30 fr.	c.
Les frais de râpage, lavage et réduction en fécule, pour les 100 boisseaux sont de.............................	10	»
Ceux de cuisson et de mouture des pâtes, de	10	»
Ces 100 boisseaux rendent 200 livres de pâte, dont 20 en farine. Le tout coûtera encore, 1° pour emballage à 3 fr. du %..........	6	»
2° Pour transport jusqu'à Paris, à 5 fr. du %.................	10	»
L'avance étant de 66 fr., l'intérêt à 6 % fait.................	3	96
Le quintal revient donc, à Paris, à 34 fr. 98 c., moitié de..........	69 fr.	96 c.

Pâtes de Pois

Le prix moyen du boisseau étant de 3 fr., 100 boisseaux coûteront...	300 fr.	»
Pour les préparer, il faut 600 boisseaux de pommes de terre valant....	180	»
Mouture des pois au 1/12.............................	25	»
	514	

(1) On laisse subsister la note de ces prix, relatifs au moment où l'on me proposait de transporter cette manufacture à Chambord. Les graines et les légumes dont il est question, à peine connus à Chambord, y auraient été introduits et seraient revenus moins cher. Le maïs, le millet, les fèves, offraient la perspective des plus riches récoltes. Chacun de ces articles avait été pour moi l'objet des expériences et des recherches qui auraient permis de varier les assolements de l'école d'agriculture de Chambord, et de la rendre ainsi beaucoup plus instructive, en la rendant plus fructueuse.

D'autre part............ 5 r4 fr.

Râpage, etc. dés pommes de terre........................... 60 »

Le tout doit rendre 2400 livres de pâtes; mais comme leur mouture
doit être plus considérable que pour la pomme de terre pure, parce
que la majeure partie doit être convertie en farine, il faut en porter
les frais à 15 fr., au lieu de 10 fr. pour les 200 livres. Les 2400 livres
coûteront donc en mouture.............................. 180 ».

Emballage à 3 fr. °/₀................................... 72 »

Transport à 5 fr. °/₀.................................. 120 »

L'avance étant de 937 fr., l'intérêt à 6 pour °/₀, fait............. 56 22

Le quintal revient, à Paris, à 41 fr. 38 c., la 24ᵉ partie de........ 993 fr. 22 c.

NOTA. Nous comptons pour 25 fr. la mouture des légumes, quoique, dans les travaux qui ont eu lieu,
cette mouture ayant été prélevée en nature, les produits, ci-dessus désignés, n'avaient pas moins été re-
couvrés, en sorte que le prix du quintal peut encore être réduit de 1 fr. 4 c., et qu'il n'est réellement que
de 40 fr. 34 c.

La préparation des pâtes de haricots et de lentilles a les mêmes bases et présente
le même résultat.

L'observation ci-dessus, relative à la mouture, s'applique aux préparations de fèves,
maïs et millet. Il en est de même de l'intérêt des fonds, compté pour toute l'année,
quoique le travail, une fois établi, il y a tout à présumer que le revirement des fonds
se fera au moins trois fois dans l'année.

Pâtes de fèves.

Comme pour les pois, etc., il faut 100 boisseaux de fèves coûtant... 120 »

Pour 600 boisseaux de pommes de terre montant à.......... 180 »

Râpage, etc., des pommes de terre................. 60 »

Mouture des fèves au 1/12.................... 10 »

———— des pâtes à raison de 7 fr. 50 c. du °/₀ sur 2400 livres de
produit...................... 180 »

Emballage à 3 fr. du °/₀...................... 72 »

Transport à 5 fr. du °/₀..................... 120 »

L'avance étant de 732 fr., l'intérêt à 6 pour °/₀ est de......... 43 92

Le quintal, à Paris, revient donc à 32 fr. 75 c., 24ᵉ partie de..... 785 fr. 92 c.

Les pâtes de maïs et de millet, reviennent au même prix.

Pâtes de marrons.

Ces pâtes demandent livre pour livre de préparations de pommes de terre. Or, nous
avons vu ci-dessus que le quintal revient à 34 fr. 98 c. dont il faut déduire 8 fr. pour
le transport et l'emballage qui n'entrent pas dans la préparation, il faudrait même, à la
rigueur en déduire les frais de fabrication pour partie dont néanmoins, pour plus de
sûreté, nous préférons faire ici double emploi. Ainsi :

100 livres de préparation de pommes de terre coûtant 26 fr. 98 c. ou
mieux.......................... 27 »

Et 100 livres de marrons secs à........................ 50 »

Rendront 200 livres de pâte dont la mouture et préparation à 7 fr. 50 c.
du °/₀ donnent.............................. 15 »

Emballage........................ 6 »

Transport....................... 10 »

L'avance étant de 108 fr., l'intérêt à 6 pour °/₀ est de......... 6 48

Le quintal à Paris revient donc à 57 fr. 24 c., moitié de....... 114 fr. 48 c.

PRIX COUTANT MOYEN.	Le quintal de pâtes de pommes de terre coûtant.	34 fr. 98 c.	} 166 fr. 35 c
	Le quintal de pâte de pois, etc. . .	41 38	
	Le quintal de pâte de fèves, maïs, etc	52 75	
	Le quintal de pâte de marrons. . .	57 24	

Le prix moyen est donc de 41 fr. 58 c., soit 41 fr. 60 c.

FONDS DE L'ENTREPRISE.	Cette fabrication devant s'effectuer dans les six mois d'hiver, on ne doit compter que sur 180 jours de travail. L'établissement de la Miltière est organisé de manière à produire 400 livres par jour. Pour le mettre en état de fournir 1000 livres par jour, il faudrait une dépense portée très haut à. . . . 10,800 fr. «
	La dépense d'un quintal étant de 41 60 c., celle de 100 liv sera 416 fr. et pour 180,000 liv. . . 74,880 «
	Loyer de la Miltière. . . . . 600 «
	Ib. d'un magasin à Paris et frais d'établissement. . 4,600 «

Le fond de l'entreprise doit donc être de . . . . 90,080 fr. «

PRIX DE VENTE A PARIS.	On peut raisonnablement établir, pour Paris, les prix de vente ainsi qu'il suit :	
	Pâtes de pommes de terre. { Riz et sagou. 55 f. Semouille. . 60 Farine. . . . 70 } 185 f., pr. moy.	61 fr. 66 c.
	Idem, de pois, etc.	78 «
	Idem, de fèves, etc.	50 «
	Idem, de marrons.	100 «

281 fr. 66 c.

Ce qui donne un prix moyen d'environ 70 fr. 40 c. que
nous restreindrons à. . . . . 70 fr. «
Nous avons vu que le prix coûtant moyen est de. . . 41 60 c.

BÉNÉFICE PAR QUINTAL.	Reste en bénéfice par quintal. . . . 28 fr. 40 c.

Ce qui, pour la roulaison d'une saison, produisant 1800 quintaux,
fait un total de. 51,120 fr. «
Mais pour la première année, à cause des dépenses extraordinaires,
on peut calculer le bénéfice de cette manière. Les 1800 quintaux
fabriqués à 70 fr. l'un, font une somme de. . . . . 126,000 fr. «
La mise de fonds, y compris les intérêts étant de. . . . . 90,080 «

BÉNÉFICE DE LA 1ʳᵉ ANNÉE.	Reste en bénéfice, toute avance remboursée et toute dépense couverte. . . . . 35,920 fr. «

MISE DE FONDS OBLIGÉE.	Comme dans nos calculs de dépense, nous avons partout compté l'intérêt qui ne fait pas partie de la mise de fonds, celle-ci se réduit à. . . . 84,981 fr. 14 c.
	Dont l'intérêt à 6 pour °/₀, qui est de. 5,098 86

Complète la dépense ou mise dehors que nous avons trouvé devoir
être de. . . . . 114 fr. 48 c.

BÉNÉFICE DU CAPITALISTE.	Le capitaliste ayant moitié dans les bénéfices, recevra la première année, 1º . . . . 17,960 fr. « Pour moitié du bénéfice total et 2º ses intérêts à 6 pour º/o montant à 5,098 86

En sorte qu'une somme de 84981 fr. 14 c. lui aura produit. . . . 23,058 fr. 86 c. Ce qui fait plus de 27 pour º/₀ du capital, pouvant s'élever à 34 fr. 88. c. pour º/₀ dans les années subséquentes.

(N. B.) Ce dernier numéro aurait donné de l'importance aux productions de Chambord, parcequ'il y serait devenu un objet d'industrie exercée au sein de toutes les familles.

Ces préparations de Madame Chauveau offrent une grande ressource pour les soupes économiques. Voici ce que m'en écrivait un préfet distingué, il y a environ quinze ans :

« Je me suis assuré que deux livres de haricots, jointes à une livre de pommes de » terre, produisent au moins vingt livres de purée d'une consistance à pouvoir être » mâchée, et à pouvoir être mangée à la rigueur sans pain. Les procédés qu'on a em- » ployés pour faire ce potage sont des plus simples. On fait cuire dans un vase rem- » pli d'eau les deux livres de haricots, qu'on passe ensuite au tamis. On prend de » cette même eau qui a servi à cuire les haricots, et l'on y fait crever la livre de riz » de pommes de terre que l'on mêle ensuite à cette purée, en y ajoutant un peu » d'oseille cuite pour lui donner un goût plus agréable. Chaque portion, pesant une » livre, revient environ à cinq centimes, en n'y faisant entrer ni beurre, ni graisse, » ni viande, etc. »

La pauvre Madame Chauveau, qui avait donné de la vogue à ces farines de lé- gumes, aurait eu à Chambord un asile et un sort qui l'auraient préservée des mal- heurs qu'elle a éprouvés. Victime de la perfidie de ses associés, cette femme si esti- mable est morte dans un hôpital. La devise des gens utiles est toujours : *sic vos non vobis.*

On a étendu sa méthode à diverses racines, et on pourrait encore l'appliquer à bien d'autres.

On ne sait pas assez ce que la dessiccation ajoute à la garde et au prix des diverses substances du règne végétal, fruits, légumes, racines, tubercules, grains même. Citons-en, pour finir, quelques exemples peu connus, et dont on devrait profiter dans tous les ménages rustiques.

Les *topinambours* séchés, crus, ou bien échaudés, acquièrent un bien meilleur goût; c'est alors seulement qu'ils remplacent les artichaux.

Les *citrouilles* séchées, et coupées par petits carrés, se conservent très bien, et se vendent ainsi à Gênes, dans les rues, pendant toute l'année.

L'expérience a prouvé que 132 livres de *choux* pressés, salés et séchés au four, se réduisent par la dessiccation au poids de douze livres, dont une livre suffit pour ras- sasier trente personnes.

Les feuilles de *carottes* se sèchent pour servir l'hiver dans les cuisines.

On sale les *feuilles de pommes de terre*, qui deviennent ainsi un excellent four- rage pour le bétail; une simple ration en vaut deux de foin. La fermentation que produit la salaison fait disparaître leur mauvais goût, et le change en celui de concombres salés. On rejette seulement les grosses tiges.

Je supprime à regret bien d'autres notes de ce genre, pour venir à l'article le plus essentiel.

Enfin, l'expérience, qui serait devenue usuelle à Chambord, aurait appris à rem- placer le *riz*, qui nous coûte si cher, non par l'*orge*, suivant la proposition première de notre illustre Parmentier, mais par un *blé* de bonne espèce, convenablement des- séché. On y aurait donc cultivé ce fameux *blat de Caure*, froment de Catalogne, qu'on écorce et qui sert de riz. Voyez à ce sujet le rapport décisif du même M. Par- mentier (*Annales de l'Agriculture française*, première série, tome 9, pag. 130.)

M. Cappot, de Perpignan, avait envoyé de ce blé à la Société d'Agriculture de la Seine, qui lui donna en récompense un exemplaire du *Théâtre d'Agriculture* d'Olivier de Serres. On a laissé tomber cette culture intéressante; mais elle aurait été un objet spécial, et entièrement fructueux, des essais dans lesquels aurait persévéré l'école de Chamberd, et qui auraient accru ses exportations pour Nantes et pour Paris même, où ce blé tenant lieu de riz, ne pouvait qu'obtenir un accueil favorable.

Arrêtons-nous, en désirant :

Que l'instruction agricole soit généralement plus répandue en France ;

Que ce dictionnaire puisse y contribuer, autant qu'un livre peut le faire, à défaut du grand institut d'économie rurale dont nous avions posé les bases ;

Et qu'enfin, surtout aujourd'hui, les peuples de l'Europe et ceux qui peuvent influer sur leurs destinées, cessent de s'aveugler sur leur position, et soient bien convaincus qu'une meilleure agriculture est le premier de leurs besoins!

Audite, gentes! et erudimini, vos qui judicatis terram! Psalm.

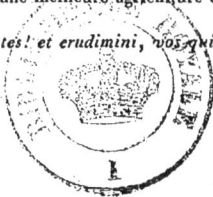

FIN DES PIÈCES JUSTIFICATIVES.